「今の自分」からはじめよう

Let's start your future by what you do today

株式会社ロコンド
代表取締役兼CEO
田中裕輔
Yusuke Tanaka

KADOKAWA

はじめに

2017年3月、ロコンドは創業6年目にして東京証券取引所マザーズ市場で上場を果たした。

ここまでくるには、僕がかつて在籍したマッキンゼー・アンド・カンパニーで経営コンサルタントをしていた時に培ったスキルやノウハウがおおいに役立った……からではない。もちろん、マッキンゼー時代の先輩や仲間には幾度となく助けられたが、反面コンサルタント脳では会社の経営はできないのだとつくづく実感した。

ロコンドがここまで来られたのは、多くの人たちの助けがあったからである。今はそれを感謝しつつ、しみじみと受け止めている。

ロコンドはゼロどころかマイナスからのスタートで、倒産寸前に何度も追い込まれた。正に「ドロンコ」な6年間だったのである。それを何とか立て直してここまで引っ張ってきて思うのは、会社の経営には特別な才能や能力は必要ない、ということである。カリスマ性も必要ない。どんな困難に見舞われても乗り越える覚悟さえあれば、誰でも今の自分からスタートできるのである。

この本は、今壁にぶつかって悩んでいる人や、これから起業する人たちの参考になればと思い、この6年間をありのままに書くことにした。

今の自分を変えたい。

そう思っている人にこそ、ぜひ参考にしていただきたい。

実は、6年前の僕も今の自分に満足していなかった。

当時の僕は、マッキンゼー日本支社の創業以来、史上最年少のマネージャーとして、順調に実績を重ねて、自分で言うのも何だが高給取りだった。そのままマッキンゼーにいれば、パートナー（役員）になれたかもしれない。

それでも、僕は経営コンサルタントでいることに疑問を感じていたのだ。同業者に対して批判的な意見になってしまうが、コンサルタントは何かを生み出す立場ではない。企業に対して改善策や戦略を考えて提案するのが仕事で、せっかく頭を悩ませて考えた戦略を企業に「いいですね！」と評価されても、実行されないことが多かった。いくら高給をもらっていても、どこか空しく思うようになっていたのだ。

その頃、僕は痛切に経営者になりたいと考えていた。

そんな僕に舞い込んだのが、ロコンドで働いてみないかという話だったのだ。

当時のロコンドは靴専門の通販サイトだった。僕は靴について詳しいわけでもなんでもない。通販サイトのノウハウも何も知らなかった。

その僕が、入社して数カ月後に経営者としてロコンドを背負って立つ立場になったのである。もちろん、経営者としての経験もなく、どのように会社をマネジメントすればいいのかもよくわかっていなかった。それが、次々と降りかかる難題に取り組むうちに、次第に僕は「ロコンドの社長」らしくなっていったのだと思う。

最初は靴専門の通販サイトだったロコンドは、「家で試着できる通販サイト」というコンセプトで認知されるようになり、その後6年の間にどんどん変化していった。靴以外にファッションも取り扱うようになり、今ではいよいよ2000ブランドに到達する勢いだ。さらに、通販サイトだけではなく、「店舗・ネット間での在庫シェアリング」という今までにないビジネスを生み出した。創業5年目にして黒字化を達成し、6年目で年商100億円（受注高ベース）を実現できたのだ。

僕は今、改めて感じている。

自分に何が向いているのか、何ができるのかは、考えるだけで答えが見つかるものではない。自分から新たな環境に飛び込み、次々降りかかる難題に立ち向かっているうちに、見えてくるものなのだ。

その新たな環境とは転職や起業だけではなく、今いる会社で新たなチャレンジをすることも含まれるだろう。

今のところ、僕はまだ経営論を語れるほど、大した経営者ではない。まだやっとアラフォーに入ったばかりの若造だ。

しかしこの6年間、振り返れば非常に稀有な経験を積ませてもらった。この経験、そこでの学びを共有することは他のベンチャー経営者だけでなく、将来、ベンチャーを志している若者や、仕事に行き詰まっているあらゆるビジネスマンにとってもそれなりの価値はあると思う。

本書が、「今の自分」を見つめ直すきっかけになれば幸いである。

それでは、はじめよう。

【目次】

はじめに 003

第1章 口コンドは「逆転思考」でできている

●巨大な敵に、小さくても勝てる 014
●送料無料、交換無料、返品送料無料——通販サイトの常識を覆す 018
●ものではなく「体験」を売る 022
●コンシェルジュはマニュアルだけでは育てない 026
●大切なことはお客さまから教わる 031
●小さいからこそ実現できる、「圧倒的なスピード」 034
●優先順位を間違えるな 038
●社会的インパクトを与えるのが企業の使命 042
●誰もがやりたがらないことがビジネスチャンスになる 048
●何に投資をするべきか？ 054

第2章

2章　マイナスからのスタート

●ロコンドと出会う　060
●ロコンド誕生前夜　065
●最初から勝てない勝負なのはわかっていた　069
●現場に行かないとわからないこともある　075
●サービス開始2カ月で破産通告　080
●自分だけ逃げてもいいのか　084
●1%の可能性にかける　091
●社長としての初仕事はリストラ　094
●トラックに倉庫を囲まれる　099
●二度目の破産通告とマネジメント・バイ・アウト　104
●共同代表体制の崩壊　111
●冷えきっていた社内の空気　122

第3章

3章　走り続けるうちに見えてくること

●1年半で来る、突然のターニングポイント　128
●「ワオ」から「ほっこり」へ　136
●綱渡りはまだまだ続く　140
●ロコンドでは「半年前」は大昔　145
●調査会社を蹴飛ばす　150
●「ビジネスの芽」は御用聞きで見つける　157
●本気でやっていたらオポチュニティはやってくる　162
●世界的な賞で評価される　167
●創業5年目で黒字化達成　172
●巨大なパートナーと組む　175
●コンサルタントはしょせんコンサルタント　177

第4章

4章　チームロコンドのつくり方

●武器はマネできるが、人はマネできない　182
●目指すのはリアル・キングダム　187
●「逃げない人」を集める　190
●這い上がれるチカラ　193
●改善点は1日で変える　200
●今の成果をちゃんと評価する　203
●コミュニケーションも質より量　208
●ロジックとファクトは新入社員にも求める　211
●主体的な社員に任せて任さない　216
●叱ることを恐れない　222
●新卒説明会で甘い話は一切しない　225

●離職率が低いといい会社？ 229
●経営者が率先してやりきる 233
●利益は社員に還元する 236

第5章

5章 ロコンドのチャレンジは続く

●ロコンドは止まらない 242
●中期計画なんていらない 245
●「カリスマ性」なんていらない 247
●起業家でも幸せな人生を送れる 249
●リーダーのストッパーをつくる 254
●失敗したらラッキーだと思え 257

おわりに 262

編集協力／大畠利恵
装丁／菊池祐
カバー写真／タイコウクニヨシ

第1章

ロコンドは「逆転思考」でできている

巨大な敵に、小さくても勝てる

大相撲で、横綱が格下に負けて座布団が舞う光景を見たことがあるだろう。

連勝中の横綱であっても、ちょっとした気の緩みなのか、格下の力士に負けてしまうことがある。勝負の世界は、何が起きるのか最後の最後までわからない。

ビジネスの世界でも、番狂わせが時折起きる。巨大な企業に、創業したばかりのベンチャー企業が果敢に挑んで、突破できることもあるのだ。

ロコンドは2016年、創業6年目にして年商100億円（受注高ベース）、月商9億円を突破した。

正直、その数字が出た時、僕は「よくここまで成長したな」と感慨深い気持ちになるというより、「ようやく黒字化できた」という安堵感でいっぱいだった。

ロコンドは創業してから5年目の後半まで、ずっと赤字が続き、それどころか資金が枯渇して倒産寸前に何度も追い込まれてきたのだ。ギリギリのところで資金調達に成功し、何とか会社を存続できるという常に綱渡りの状態だった。

年商１００億円と聞くと、相当儲けている企業だというイメージを抱くかもしれない。

しかし、最大のライバルである日本最大級のファッション通販サイト「ＺＯＺＯＴＯＷＮ」は年商１０００億円（出荷高ベース）を優に超えている。まだまだ、遠く及ばない。

とはいえ、ロコンドも年商１０００億円を目指していて、これは実現不可能な水準ではない。２０１２年、ロコンドが株式会社ロコンドとして再出発をした時、掲げた長期目標は「２０２０年度に年商１０００億円」。現在は、ビジネスの主軸が広範囲にわたってきたため、年商ではなく「時価総額１０００億円」を長期目標として掲げている。２０２０年度まで、残すところあと４年しかないが、それでも実現可能な水準であると考えている。

総売上ではＺＯＺＯＴＯＷＮにはかなわないが、平均商品単価はロコンドがおよそ７０００円であるのに対し、ＺＯＺＯＴＯＷＮは４５００円（それぞれ２０１６年度第１四半期ベース）。ここから、ロコンドの購買層は試着できるからこそ、ネット通販でも安心して、店舗で買うような比較的高額な商品を買う傾向があることがわかるだろう。

ロコンドの主な購買層は都会に住む30～40代の女性である。この世代は子育てしながら働いている女性が多い。共働きをしているから金銭的な余裕はあっても、買い物に行く時間がない。小さなお子さんを抱えている専業主婦も、子連れで買い物するのは大変だろう。そんな女性が選んでいるのがロコンドなのである。

ZOZOTOWNは20〜30代が中心なので、購買層の棲み分けができている。それは創業時から狙っていたわけではなく、ネットでも安心して買える「試着」というサービスを提供し、運営しているうちに気付けば棲み分けができていった、という感じである。

考えてみれば、どんな巨大企業の事業であっても、全ての年齢層、性別、職業などのニーズに合わせた商品やサービスを展開できるわけではない。

アマゾンは10〜30代の利用者が多く、40代以降減っていく。一方、楽天は年代が上がるにつれて利用者が増えていく。

鉄壁に見える巨大企業の弱い部分を探し出し、そこに資源を集中すれば、一点突破をできてその市場では十分勝てるのである。

皆さんもご存じだと思うが、競争の激しい既存市場をレッドオーシャン、誰も手を付けていない未開拓市場をブルーオーシャンと呼ぶ。

ビジネスで理想的なのはブルーオーシャンを見つけること。そしてできればその市場を独占すること。

しかし、それはそう簡単に見つかるものではない。これだけ情報があふれている世の中で、誰も目を付けていない市場を見つけて開拓するのは至難の技だろう。

従って、僕は**レッドオーシャンの中であっても、大手とは棲み分けられる領域を見つけ出し、更に、中長期的に差別化できる要素を構築していく方が成功への近道**ではないかと考えている。

ロコンドが創業した時点で、ファッション業界のＥＣ（電子商取引）はＺＯＺＯＴＯＷＮが独走している状態だった。アマゾンも既にファッションを扱っていたし、そのほかは大手の通販会社や小さなＥＣサイトでひしめきあっていたので、今更進出しても勝つのは難しい分野だった。

楽天、アマゾン、ＺＯＺＯＴＯＷＮ。普通ならここまでの巨象企業たちに竹槍で立ち向かうのは愚かな考えである。マッキンゼー時代の僕ならば間違いなくロコンドの戦略は否定していただろう。それでも道を切り開いていけたのは、ロコンドが逆転思考でやってきたからかもしれない。

それでは、ロコンド的逆転思考について、詳しく紹介していこう。

送料無料、交換無料、返品送料無料――通販サイトの常識を覆す

送料無料、サイズ交換無料、返品送料無料。これらはロコンドが創業時に掲げていた、目玉ともいえるサービスである。創業時、このサービスをアピールしたら、方々で「こんなビジネスモデルはうまくいかない。儲かるはずがない」と言われた。

確かに、送料や返品送料を無料にするなら、商品の値段を上げないと、ロコンドが負担することになる。ロコンドでは他の通販サイトと同価格にしているので、商品価格に上乗せはしていない。だからこそ正直、ロコンドは「薄利」だし、だからこそ創業からたった5年で35億円もの累積赤字を計上する羽目になった。

「そんな方法で利益は出るのか」と考える人も多いだろう。

しかしやってみると、実際のところ返品率はだいたい30%ぐらい。また、米国のようにパーティーで着てそのまま返品する、というお行儀の悪いお客さまは少ない。日本人は丁寧に室内で試着して元通りにきちんと梱包して返品するお客さまが多いのだ。

日本では、カタログ通販で返品率は10％前後、ＥＣでは３〜５％前後と言われている。それに比べるとロコンドの返品率、30％は相当高い。

だが、知名度が上がり、売上を拡大させていくと同時に、企業努力を積み重ね、返品にかかる作業コストを抑制することができれば、相殺できる範囲内なのである。

２０１４年にはアウトレットもスタートしたが、それも送料無料・21日間の返品保証（返品送料は一律５００円）を設けた。これはアウトレットとしては異例な試みで、多くのアウトレットでは返品そのものを受け付けていない。


そうまでして気軽に返品できるというシステムにこだわっているのは、それこそがネットで買い物する時の壁になっているからだ。

多くのＥＣサイトでは、返品期間は7日か、長くても14日以内である。働いている人は、平日はゆっくり商品を吟味している時間がなく、送り返す時間もないので、7日以内に返品するのはかなりキツイ。14日以内なら、少しは余裕が持てるぐらいだろう。

ロコンドの場合、当初は99日間という設定にしていたが、実際にはそこまで長期間買うかどうかを悩むお客さまはそれほどおらず、反面、その商品を本当に買いたいお客さまが買えないという問題もあったため、現在の21日間に落ち着いた。それぐらいの期間があれば、何度も試着を楽しめるし、家族みんなで試着会をすることもできる。

また、返品送料はネットで買い物する時の大きな壁になっている。

基本的に、どのサイトもお客さま都合の返品は、お客さまが負担することになっている。それを承知の上で購入しても、買わない商品に対して返品送料を払うとなると、お客さまにとっては何のメリットもないのだ。実際、元払いで返送した場合、どれだけ安くても800円、通常ならば1000円以上の返送料がかかる。そうなると、安い商品は気に入らなくても返品しないだろうし、高い商品は買うのに慎重になり、「お店で実物を見て買おう」となるかもしれない。結果的に、ネットで買うのをためらうお客さまを増やすだけだと思うのだ。

また、既述の通り、セール品やアウトレット商品の場合、如何なる場合も返品できないことが多い。例えば2017年1月現在、現在のファッション通販サイトの王者、ZOZOTOWNですら、月額有料会員になったとしてもセール品は交換も返品もできない。しかしロコンドの場合、有料会員制度はなく、全ての会員さまがセール品でも返品することができる。

要は、**今までのECサイトは、お客さまが犠牲になる部分が多かった上で成り立っていた**のである。ECサイトをリアル店舗と同じ感覚で利用してもらうには、そういった障壁は取り除くしかない。たとえ自社の負担が増えたとしても、最終的には利用者が増えることで利益につながるのだと信じて、この方針を貫いてきたのだ。

どこの企業も、返品は簡単にはできない、とお客さまに暗に伝えている。

ロコンドは「気軽に返品できる」というのをむしろウリにし、返品のしやすさで世界一になろうとまで考えてきた。商品と一緒に返送する時に使う宅配便の伝票も入れ、通常のサイトでは定めている返品のための登録も不要にした。電話を受けて、お客さまのところまで返品の商品を受け取りに行ったこともある。尚、70％の伝票は使われないことを考えると資源のムダになるという声を受けて、現在は返送用の伝票は入れていない。

このようなサービスを構築した結果、**2012年の夏頃はリピート率は30％だったのが、現在は80％。一度ロコンドで買ったら、ファンになるお客さまが増えている**のだ。

かつては「買ってから選ぶ。」、今は「自宅で試着、気軽に返品」がロコンドのキャッチコピーなのだが、気になる商品は全て取り寄せて、試してみて買いたいものだけ買って後は返品、という今までにないシステムが受け入れられている。これは究極のお客さま目線のサービスだと言えるだろう。

お客さま目線のサービスを提供すれば、必ずお客さまに選ばれる。もちろんそのためには単に返品送料を無料にするだけでは実現しない。

返品送料無料であってもいずれ黒字化させるためには、返品商品の検品フローを徹底的に効率化しなければならない。また、お客さまに「返品するのは申し訳ない」と危惧(きぐ)していただく必要のないよう、ウェブサイトの表記も統一化しなければならないし、お客さまになるべく負担をかけないよう、気軽に簡単に返品をしていただくよう、返品申込フローやガイドもわかりやすくしなければならない。

要は「お客さまが気軽に返品できる」サービスを前提とし、あらゆるプロセスを「返品最適化」しなければならない。その日々の改修の積み重ねがロコンドの資産になっている、と言っても過言ではないだろう。

ものではなく「体験」を売る

僕が、お客さまはどのようにロコンドを使っているのかを知ったのは、ロコンドがスタートしてかなり経ってからである。お客さまの意見を聞くうちに、使われ方がわかってきたのだ。

　デパートで服や靴を買う時、もちろん試着をする。けれども、何着も試着をすると、「最初に着た服と、これとどっちがいいんだろう」と迷うこともある。体は一つしかないのだから、もう一度着てみるしかない。しかし、働いていたり、子育て中の女性はゆっくり試着をしている時間がなかなか取れない。

　そのうえ、店員さんがどちらも買わせようと両方を褒めちぎると、余計に判断が鈍るだろう。NOと言えない優しい人が多い日本人は、「今度改めて買いに来ます」と何も買わないで帰ることに後ろめたさを覚える。結局、自信がないままに選んで、家に帰ってから「やっぱりあっちの方がよかったかも……」と後悔する。そんな体験を、誰もがしていると思う。

　特に、一足10万円もする高級な靴など、一度履いただけで「買います」と即決するのは僕も無理だ。何回も店に足を運んで試着するのも手だが、最初はにこやかだった店員さんも、次第に無言で「そろそろ買ってほしいんだけど……」と圧力をかけてくるだろう。

　その点、ロコンドなら好きなだけ試着できる。

　夜中に、家族みんなが寝静まってから鏡の前でファッションショーをすることもできる、既に持っている服と組み合わせて、合うかどうかを確かめることもできるのだ。多忙な毎日で、そのような時間がちょっとあるだけで、幸福感を味わえるだろう。

ある家庭では、まず奥さんが靴を購入して、試着して選べるという体験が楽しくてすっかりはまってしまったのだという。次に子供の靴を購入して、その次にご主人の靴を購入するようになり、今では月に1回、週末が大試着会になったという話を伺った。

あまり大きな声では言えないが、男性にとっては、女性の長時間の買い物につきあうのは、今も昔も変わらずに苦痛である。百貨店のエスカレーター横では必ずといっていいほど、ぐったりして座っている男性の姿を多く見かける。自宅で試着をするのなら、そんなストレスとは無縁になるし、家族とワイワイ買うものを選ぶのは楽しいひと時になる。自宅で試着をできるというのは、そのような思い出づくりになるのだ。

そのうえ、お子さんがいる家庭では、子供は買い物中もじっとしていないので、親御さんは大変である。僕も小さな子供がいるので、その苦労はよくわかる。家でなら、気兼ねなく子供に服や靴を試着させることができるだろう。

あるいは、彼氏が彼女の誕生日に何を買えばいいのかわからず、五足ぐらいを選んで、「この中から好きな靴を選んで！」と渡すこともできる。彼女は喜んで試着するだろう。それも二人にとっての思い出になる。


ロコンドでは、そのような特別な体験をお客さまに提供できるのだ。

また、朝と夕方とでは足のサイズが変わる。朝は何ともなかった靴が、夕方には足がパンパンになってきつくなるという話はよく聞く。

しかしロコンドならば、朝の足と昼の足、夕方の足に合わせることができるのだ。

靴は買った時はよくても、しばらくすると合わない感じがしたり、デザインが気に入らなくなったりすることがよくある。買ってから家に帰って服に合わせてみると、「なんか不自然」と思うこともあるだろう。皆さんも、買ってからほとんど履いていない靴が2、3足はあるのではないだろうか。3週間かけて吟味できるなら、その失敗は少なくなると思う。

ネットの買い物は、人と血を通わせないイメージがある。そこに血を通わせたら、今までネットでファッションアイテムを買ってこなかったお客さまにも、きっと利用していただけるだろう。

また、この本を書いている今も、お客さまからの意見やコンシェルジュたちの気付きをもとに、僕は毎週、コンシェルジュメンバーたちと「コンシェルジュ・ミーティング」を開催している。そこでは僕、物流の責任者2名、コンシェルジュ2名のたった5名での少数の会議で、そこでは必ず「お客さま満足度を向上させるために来週から取り組むこと」

を少なくとも2、3件、多い時は5件ほど、決めて実行する。

ロコンドではただ商品を売るのではなく、全社一丸となって、血の通った満足を提供できたから、お客さまにも選んでいただけたのだと思う。

コンシェルジュはマニュアルだけでは育てない

最高のサービスを提供するためには、やはり人対人のサービスは欠かせない。

ネットで買い物をする時、「このサイズは売り切れって書いてあるけれど、再入荷はないのかな」「自分の足は幅広なんだけど、この靴だとキツイかな」など、色々気になることがあるだろう。お店なら店員の人を呼び止めて話を聞けばいいけれども、ネットはそうはいかない。

立ち上げ時からコンシェルジュはロコンドのウリの一つだった。外注はもちろん、アルバイトでカバーして人件費を下げるようなこともせず、全て正社員たちがお客さまの対応を担っている。

ザッポスでは、コールセンターの顧客への丁寧な対応が伝説になっているぐらいなので、ECであっても接客を大事にしている。ロコンドは電話ではなくメールが主体という違いさえあれど、創業時からコンシェルジュを揃え、接客に力を入れてきた。

ロコンドのコンシェルジュは元々アパレルや靴業界で勤めていた経験者が多く、商品知識もあり、センスもいいと思う。コンシェルジュの質だけは、創業時から変わらずにキープするようにしている。面接の時はスーツではなく、普段着ているファッションで来てもらって、ファッションセンスを確認しているのだ。

例えば、「ヒールは苦手なので、ヒールが低い靴で色は黒、サイズは23センチで、パンツスーツに合わせやすい靴を探している」という問い合わせがあると、コンシェルジュはリクエストに合うような靴を複数ピックアップしてお客さまに提案する。時には、ロコンドでは取り扱っていない商品を勧めることもあるし、「母にプレゼントを贈りたい」というリクエストでも、お勧めの商品をピックアップする。

ロコンドは取り扱っているブランドは既に2000ブランド近いので、それら全部を頭に入れるのは、一見難しいように思える。デパートに派遣されているブランドの社員のように、自社のブランドのことさえ頭に入れておけばいいというわけではない。

それでも、基本的にファッション好きが揃っているので、毎日のように新しい商品に触れられるのは楽しいのだろう。僕が心配することもなく、みんな商品の知識は僕以上に身につけている。

例えばあるお客さまが、商品が届いた時に何か気になることがあって、企業に問い合わせの電話をしたとする。

通常は、窓口となるカスタマーセンターの人が直接答えたりせず、「担当者に確認して折り返します」ということになる。当たり前の対応ではあるが、これはお客さまに対して不親切だと僕は思う。お客さまは、いつ電話がかかってくるのかわからないので待たなくてはならない。やはり、その場でお客さまの疑問に答えるのが最高のサービスだろう。だから、ロコンドではコンシェルジュが電話やメールを受け、その場で疑問点に答えられるようにしている。

例えば、「このスエードのブーツ、ところどころ白っぽくなっているのが気になるんですけれど、こういうものなんですか？」とお客さまに尋ねられたら、「それはスエードの特性で、宅急便で運んでいる最中に靴同士がちょっとこすれたりしたら、白っぽくなることがあるんです」と担当者は即答する。そのためには、あらゆる商品の知識がないとその場では答えられないだろう。

ロコンドにはシューフィッターの資格を持っている社員がいるので、彼らにお願いして時に靴の知識や手入れの仕方などの勉強会を開いてもらっている。コンシェルジュを育成するための場をしっかり整えるようにしているのだ。

しかし、コンシェルジュの対応の全てをマニュアルで縛るようなことは一切していない。もちろん、最低限のマニュアルは存在するものの、最後は「お客さまの目線に立って、そして企業として正しい対応をする」ことがコンシェルジュには求められている。それをロコンドでは「正義の判断」と呼んでいる。

マニュアルで決まっていない行動を許してしまうと、結果、コンシェルジュによって対応が変わることももちろんある。それは企業にとってはリスクが高いと思うかもしれない。それでも、僕は全てのコンシェルジュの回答を揃えた方がいいとは思わない。それだとロコンドらしさが失われてしまうからである。

最近は、企業のカスタマーセンターの対応はマニュアルでしっかり定められているので、商品が故障して電話をかけると、「ご不便な思いをさせてしまい、申し訳ありません」と大体どこも同じような対応をする。クレーム対応も画一的なので、心がこもっているように感じない。

僕は、**お客さまの状況によって伝え方も解決策も変えるべきだと考えている。**一律に、「こういうリクエストにはこう答える」と決めてしまったら、お客さまの目線で考えることはできない。

だから、コンシェルジュによって多少、対応が変わるのは当然だし、それによってお客さまから「担当者によって対応が違う」と言われたとしても、最後は僕が「企業として正義の判断は何なのか？」という唯一無二の判断軸に基づいて、どうするかを判断すればいいだけである。実際には、今まで大きな混乱は生じたことはない。

コンシェルジュには比較的、任せてやってもらっているので、それぞれの個性が出て、お客さまから指名されることもある。その方が本人もやりがいを感じるのは言うまでもない。

そもそも**マニュアル人間になると思考停止状態になり、成長が止まってしまう**。ある程度の仕事はできても、マニュアルに書いてあること以外はできないので、指示待ち人間になってしまうのだ。

マニュアルでガチガチに管理するよりも、基本はマニュアルで教えて、あとはコンシェルジュ自身たちに任せる方が社員は自分で考えて行動するので、数十倍も数百倍も成長するのは間違いないだろう。

大切なことはお客さまから教わる

第2章で詳しく紹介するが、ロコンドはスタートダッシュで派手につまずいた会社でもある。そこからV字（というより、J字に近いかもしれない）回復するまでには紆余曲折あったが、事業が軌道に乗った大きな要因の一つは、商売の基本に立ち戻ったことかもしれない。

とにかく、お客さまの購買行動に基づくビッグデータ、そして時にはお客さまに直接、聞いて、聞いて、聞きまくることによって、ロコンドの方向性は固まっていったようなものである。

ファッションの世界では、「今年はカーキが流行る」「アニマル柄が流行る」というトレンドを、業界側がつくっている。そういう流れを追うのも大事だが、必ずしも買う側がカーキやアニマル柄を欲しいと思っているわけではないだろう。

そのような売れ筋を予測して仕入れるという方法ではなく、データをもとに仕入れる方が確実である。だから、ロコンドでは「自分たちがトレンドをつくるのがカッコイイ」と考えるのではなく、お客さまの声やデータをもとに、どのブランドのどのようなアイテムを仕入れるかを決めている。

例えばチャールズ&キース（CHARLES & KEITH）という、ルイ・ヴィトングループも出資しているシンガポール発のファストファッション（流行を採り入れつつ低価格に抑えた衣料品）ブランドがある。靴とバッグ専門の女性向けブランドで、2013年に原宿に店舗をオープンしているが、グローバルでは大人気ブランドになりつつあったものの、日本では大ヒットしている感じではなかった。

ファッション業界の人から、「日本にも似たようなブランドがあって、もっとカワイイものがあるから、成功するのは難しいよ」という話も聞いた。だから、僕も「これは今後もあまりウケないかもしれないな」と思いつつアンケートを取ってみたら、お客さまは「絶対欲しい」と熱望する声が多かったのである。

そこで仕入れてみたら、ドカッと売れた。今では、ロコンドの定番アイテムの一つになっている。

もう一つ、スペインのデシグアル（Desigual）というブランドがある。地中海をイメージした派手目な商品が多く、「こんなに派手だと、日本人は着ないよ」「買う人がいても、若い人くらいだろう」とファッション業界では言われていた。しかも、価格は1万円くらいするので若い人は手を出しづらいのも予測できる。

「さすがに、これは厳しいかな」と思っていたが、アンケートでは予想に反して大好評。購入を希望した人は40～50代の女性が多く、販売を始めたら先を争うように買っていった。ファッション業界の予測できないところにニーズがあったのだ。

こういったお客さまは、原宿にあるデシグアルの店舗には足を運ばない。子育て中で時間がないという事情もあれば、「原宿は若い子が多いから行きづらい」と躊躇（ちゅうちょ）する理由もあるだろう。

そのような方法を導入してから、アパレルは1年も経たないうちに月間売上の10％を占めるまで成長した。


今、ロコンドの会員は100万人くらいいて、メールマガジンでアンケートを送ると、多い時は20％の人が開封してくれる。アンケートに参加することで、一緒にロコンドをつくっていっている感覚になっているのかもしれない。

僕も含めて、元々ファッション業界に精通したメンバーでロコンドを運営しているわけではないから、こういう発想ができるのかもしれない。ファッションの専門家だったら、自分の知識や感性に頼ってしまうだろう。

詳しくないからこそ、お客さまに欲しいものを聞くという商売の原点に立ち返れたのだと思う。

僕の席も、プライドにジャマされない分、お客さまの声に耳を傾けられるのだ。

途中でコンシェルジュの近くの席に移動した。当初は役員室のようなところにあったけれども、そこならお客さまとの会話が直接聞こえるので、気になった会話があれば「今の、どんな内容だったの？」と確認できる。**毎日、お客さまの声のシャワーを浴びている状態なのだ。** もっとも、社員にしてみると、「やりづらいな」と感じているかもしれないが……。

ロコンドのビジネスの根幹は、お客さまとの距離感が近いこと。現場感を忘れないためにも、僕は常にお客さまと向き合えるような位置にいたいと考えている。

小さいからこそ実現できる、「圧倒的なスピード」

前述したように、ＥＣサイトでは、商品の品揃えを変えるという方法では絶対に勝てない。だからといって、新機能をつくったところで、それもあっという間に他社にマネされるだろう。

結局のところ、ECサイトで成功するには二つの選択肢しかないのである。

一つ目のアプローチはそのジャンルで先行者になること。ZOZOTOWNや楽天、アマゾンは正に先行者であったから一人勝ち状態になっているのだ。

それらのサイトが最も規模が大きく、品揃えが充実しているとユーザーが認識すると、最初はそのサイトから見るし、ブランドもまずそこに出店しようとする。そして、ブランドが増えると顧客も増えるので、好循環が生まれるのだ。

一度先行者になれば、おそらく半永久的にその地位は確立される。アマゾンがこの先、どこかのサイトに追い抜かれるとは到底考えられない。

二つ目の選択肢は、先行者がカバーしきれていない領域を見定めて、先行者ができないことをやって、あとは先行者の10倍のスピードで突っ走ること。ロコンドのような先行者ではない企業は、この方法でしか勝てないのである。

ECサイトの命である出店者数はどうしても先行者の方が優位ではある。ロコンドでは現在2000近いブランドを扱っているものの、先行者のZOZOTOWNは3500以上である。以前は2倍以上の差があったので差は縮まってきたものの、それでもまだ2倍弱の差がある。

従って、それに対抗するにはただ単に猛追するだけでなく、先行者がやっていないことを、先行者にマネされないよう、10倍の速度でやるしかない。お客さま目線でいかにスピーディにサービスやプロセス、オペレーションを変えていくかがカギなのである。


ロコンドでは、商品の受注から発送まで、全て自分たちでやっている。いわゆる「完全内製化」がポリシーだ。通販サイトでは、電話の対応や物流に関する業務、ウェブサイトの開発、商品の撮影などを外注しているところが多い。ロコンドは、それを自社内で全てやることで、スピードアップしたのだ。

ブランドさまから商品が届いて、それを撮影してウェブサイトにアップするまでを外注していたら、数日間かかる。その間、その商品は売れないので在庫となっている。このタイムロスがもったいない。

基本は、届いたその日に撮影してアップするぐらいのスピード感が必要だと考え、倉庫の中に撮影できるスペースもウェブの作業をするスペースもつくっている。創業時から自分たちで撮影するようにしていたが、倉庫を拡充するのに伴い、撮影スペースをより広く確保し、今は24時間以内に約1000点を撮影してサイトにアップするぐらいのスピードで進めている。

そうすれば、ブランドの新商品を他のサイトより数日早く紹介できるかもしれない。僕らのような企業は、そういう地道なところで他社に負けないサービスを確立していくしかないのだ。

また、圧倒的なスピードは、小さな企業であればあるほど実現しやすい。

会社の規模が大きくなると、トップと現場の距離が離れてしまうので、現場で何が起きているのかがトップには見えなくなる。そうなると、現場の報告を受けるだけの会議が増えてしまったりする。

10倍のスピードで走り続けるには、現場の声をどんどん吸い上げていくしかない。だから、僕は今でも週に1回は倉庫に足を運ぶ。経営者自らフットワーク軽く動き回るのが、スピードを緩めないでいられる最低限の条件なのだ。

優先順位を間違えるな

僕がロコンドを経営する上で、社員にも常に伝えている大事なキーワード、それは「**大きな社会インパクト**」だ。僕にとって社会に大きなインパクトを与えている会社とは条件が三つある。

最も大切な一つ目は、日本や社会を良い方向へ導く正しい事業をすること。
二つ目は、同業他社にはできない、ロコンドにしかできない事業をすること。
三つ目は、大きな売上と利益をつくること。

この三つを満たしている企業こそが「大きな社会インパクト」を実現していると言える。例えば、僕が尊敬するマーク・ザッカーバーグのフェイスブックもしかり、ビル・ゲイツのマイクロソフトやスティーブ・ジョブズのアップルもしかり。

この三つの優先順位は大事で、大きな売上や利益をつくることを最優先させると、会社はおかしくなる。

例えば売上ノルマを絶対に達成しないといけないとなると、どんな手を使ってでも売ろうとするだろう。粗悪な商品を仕入れて、高く売るという事態になるかもしれない。そうなるとお客さまに最高のサービスを提供するという視点が抜け落ちてしまう。それを避けるためにも、売上や利益は他の二つを実現した時についてくるものだと考えている。

一つ目の「日本や社会を良くする」は壮大なテーマのように感じるが、NPO法人を立ち上げて社会貢献的な活動をすべきだと考えているわけではない。

事業をやっていると法令順守を求められるが、それだけではなく、倫理的に正しいのか正しくないのかという判断軸を持っておかないといけないだろう。

例えば、ロコンドではスマホのゲームは絶対つくらないと公言している。

僕も二人の子供を持つ親として、子供がどんどん課金するようなゲームにのめり込んでほしいとは思えないし、スマホのゲームをつくることで日本がよくなっているとは思えない。確かに起業家の友人たちがスマホゲームで一気に売上や利益を伸ばしている姿を横目で見ていた時は羨ましいと思った事が一度もないと言えば嘘になる。また、スマホゲームをつくっている会社でも素晴らしい会社はたくさんある。それでも会社の価値観の根幹ともいうべき「大きな社会インパクト」から外れたことだけは絶対にしたくなかったため、このポリシーだけはどれだけ苦しい時も貫いてきた。

今の事業で日本や社会をよくするために何ができているのかについては、今まで買い物を諦めていた子育て中の女性や働く女性に買う喜びを提供できていることが、小さな社会貢献になっているのではないかと思う。また、プラットフォーム事業のような、ブランドの生産性を高めたり、地域の活性化につながったりする事業は社会的意義があると言えるだろう。

二つ目の、同業他社にはできない、ロコンドにしかできない事業。これにはECインフラを活用した物流倉庫受託の「e－3PL」もあてはまるし、店舗の欠品を代わりに発送する「ロコチョク」も、また、百貨店向けの「ロコチョク－D」もあてはまるだろう。

三つ目は、どれだけ素晴らしいことを言っていても、あまり売上や利益が立っていなければビジネスとしては意味がないので、裏付けとして大きな売上と利益をつくらなくてはならないのだ。

起業する時、「自分が何をするか」は確かに大事である。

しかし、「ペット向けの新たなサービスを提供したい」「仕事の生産性を上げるソフトを開発したい」という**事業計画よりも、「社会をよりよくするために何をすべきか」をまず考えるべきではないか**と思う。

僕は成り行きでロコンドの経営をすることになったのだが、創業時のロコンドは会社の規模を短期間で大きくすることと、日本版ザッポスを成功させることに主眼を置いていた。そこには「社会をよりよくしたい」という概念はなかったのである。だから大々的に打ち上げたロケットはあっという間に失速したのだろう。

そういうこともあって、自分ではなく「社会」を主語にして考える必要性を痛烈に感じている。

それは、ベンチャー企業を立ち上げたものの、行き詰まっている会社にもあてはまるだろう。おそらく**社会のために何をするかという概念が抜け落ちていると、社会的な成功は望めない**。たとえ成功できたとしても一時的なもので、あっという間に失速する。僕はそういう起業家を何人も見てきた。

まずは社会がよりよくなるために自分は何をできるのかを考えてみた方がいいだろう。

社会的インパクトを与えるのが企業の使命

僕はロコンドの創業に参画する前まではマッキンゼー・アンド・カンパニーで経営コンサルタントをしていた。

マッキンゼーは外資系なので合理的に物事を進めるイメージがあるかもしれないが、儲かることや売上ばかりを考えるのではなく、世の中に意義があることをやるようにずっと教育されてきた。

僕はマッキンゼーで働くまでは、生活が安定するような仕事がいいと考えていたし、短時間で高い給料をもらえる仕事がいいと考えていた。フェラーリを乗り回せるようになりたいと本気で考えているような俗物だったのだが、マッキンゼーの洗礼を受けて、「自分さえよければそれでいい」という考え方が徐々に変わっていったのだ。

自らリーダーシップを発揮して、日本や世界にインパクト（変革）を与えること。マッキンゼーは自社の売上よりもクライアントがインパクトを実現できるよう、常に重視していた。その考えに触れるうちに、**インパクトの実現こそ、自分が生涯をかけてやるべきことだと気付いた**のである。だから、ロコンドの経営者になった時から、常にロコンドができるインパクトは何かを考えてきた。

現在のロコンドは、大きくEC事業とプラットフォーム事業の二つで成り立っている。EC事業でのインパクトは、靴産業の活性化である。

最近、日本三大靴卸の一つに数えられていたシンエイという会社が民事再生を申請した。婦人靴のリズやマリーという自社ブランドをつくっていた会社だと聞いたら、思い当たる女性もいるかもしれない。

日本の靴産業はどんどん縮小していて、毎年のように大手メーカーが倒産している。海外の安い靴が輸入されるようになった、少子化が進んでいるなどの理由もあるが、革靴よりもスニーカーを履く人が増えているという事情もある。そもそも靴にお金を使わなくなったという人も多いだろう。

そのうえ、靴産業は大量の在庫を抱えなくてはならない。

服はS、M、L、LLとサイズの数は少ないが、靴は0・5センチ単位でつくらなければならない。そうすると、必ず在庫は出る。倉庫に置くにしても場所を取るので、在庫はどんどん膨れ上がり、倉庫を更に借りるとお金もかかるという事態になる。結局、在庫過多で倒産してしまうのだ。

これから靴産業が再生するためには、在庫の分散を抑制できるＥＣの売上割合を増やし、市場を拡大させていかなければならない。

デパートで靴を買う時、欲しいサイズがなかったという経験がある人もいるだろう。店側が狭いバックヤードに全てのサイズの靴を揃えておくのは、非常に厳しい。だから売れ筋のサイズを重点的に置くことになるが、そうなると足の小さい人や大きい人は欲しいデザインの靴がなかなか見つからないということになる。

それが、ロコンドなら、ロコンドの倉庫に全サイズの靴を揃えておけるのだ。ブランドは倉庫に在庫を抱えなくて済む。

そのうえ、サイズが揃っていたら今まで靴を買えなかった人も購入できるので、靴の購入数が増える。在庫の回転率を大幅に向上できるので、靴産業を再生することにつながるだろう。

お客さまにとってもインパクトになる。地方に住んでいる方は靴店が少ないからなかなか買えないし、都会に住んでいる方は仕事で忙しくて店にまで足を運んでいる時間がない。そんな買い物難民になりかけている方でも、ロコンドでなら欲しい靴を手に入れられるのだ。

プラットフォーム事業でのインパクトは、店舗も含めた総在庫回転率の向上だ。

例えば2015年にスタートした「ロコチョク」というサービス。店舗で欠品している商品をリアル店舗で決済し、ロコンドの倉庫からお客さま宛に最短で翌日に届けるサービスである。

デパートやブティックで買い物をしていると、欲しいサイズや色が品切れしている場合もある。最近は、その場で店員さんが在庫のある店舗を確認してくれるようになったが、その店から取り寄せるのには数日かかる。買う側としては、またお店に足を運ぶのは面倒なので、「それならいいです」と断る場合も多いだろう。店側はそこで販売チャンスを逃すことになる。

そういうお客さまはネットで買うので、ECサイトを運営している側としてはありがたいのだが、リアル店舗がバタバタ倒産していくのは日本の経済的には望ましくはない。

そもそもファッション業界全体の元気がないと、ロコンドに出店するブランドさまが減ってしまうので、リアル店舗でも利益を出してもらうことが、ひいてはロコンドのためにもなるのだ。ECとリアル店舗は共存していかなくてはならないので、リアル店舗の問題はECも一緒になって解決していくべきである。

ロコチョクなら、お客さまは何度もお店に足を運ばなくていいし、店側も在庫をストックしておかなくても売り逃さないようになる。双方にとって、メリットがあるのだ。このサービスは、今では約500店舗が利用している。月額の費用や発送費用をいただいているので、もちろんロコンドにも利益は生まれる。

そのように、**あらゆるステークホルダー（利害関係者）にとってメリットがあることを見つけ出すのが、社会的インパクトの実現につながる**のだと思う。

なお、2017年度の計画骨子は、プラットフォーム事業を大幅に強化した、「ファッション業界のエムスリー」計画、である。ここから更に、大きな社会インパクトに向けてアクセルを踏んでいく。

エムスリーとは前職マッキンゼーの大先輩、谷村格さんが創業した、医療業界におけるプラットフォーム企業。インターネットを活用し、病院や医者の「生産性向上」に大幅に貢献している。

結果、病院の収益性を改善するだけでなく、医師が本来、集中すべき診療や研究に集中できる環境を築いており、現在の時価総額は約1兆円。これは正に「大きな社会インパクト」である。

ロコンドも「靴業界およびファッション業界の活性化」をミッションの一つとして、EC事業からスタートした。その後、EC事業だけではミッションは達成できない、と痛感し、「店舗とEC間の在庫シェアリング」を可能とする、さまざまなプラットフォーム事業を開始していった。

しかしこれでもまだ各ブランドの「最終的に目指す姿」ではないため、2017年度、更にプラットフォーム事業を構築していく計画だ。目指す姿は、ブランドが「ブランディング」だけに集中できる世界。具体的には、商品開発・マーケティング・VMD・接客の4つの「ブランディング」に集中してもらうのがあるべき姿だと信じている。

そのためには在庫の「オムニ化（統合）」だけでは不十分である。売上データも顧客データも全てオムニ化した上で、インターネットを活用し、効率化もしくは自動化できる領域はどんどん進めていくのがあるべき姿だと感じている。

年商1000億円水準の大きなブランド企業であれば、自分たちで進められるかもしれないが、それ未満だとなかなか自社で完結するのは難しい。それをロコンドがワンストップで解決するのが「大きな社会インパクト」に繋がるのだ。

稀に、「ロコンドは、靴のZOZOTOWNを目指しているんですか？」と聞かれるが、その質問はナンセンスだ。

確かに、創業当時はその道を目指していたのは否定しない。しかし、今や我々は「ファッションのエムスリー」を目指している中、EC売上はあくまでミッションの一つに過ぎないのである。

このミッションは、自社EC事業だけでなく、EC・店舗間のシステムおよびプロセス統合に必要な機能を全て自社で有している、ロコンドにしか達成できない。

そしてこのミッションの実現は、実は世界でもまだ好例は生まれておらず、世界初、そして世界に広げていくことのできるミッションだと信じており、この「大きな社会インパクト」に向けて、今もロコンドは走り続けている。

誰もがやりたがらないことがビジネスチャンスになる

ロコンドで地方を再生することができる。その可能性に気付いたのは2015年頃だったと思う。

地方の百貨店が青息吐息なのは、明白である。僕は、2015年に北海道から九州までの百貨店を見て回った。どこの百貨店に行っても状況は変わらない。いつ閉店してもおかしくないぐらい、閑古鳥の鳴き方が半端ではないのだ。

ブランド側は、地方は売れないとわかっているので、百貨店には出店しない。出店するにしても、売れ筋の商品は確実に売れそうな都心部の百貨店にしか出さないのだ。

そのような状況なので、靴売り場に置いてあるのは、定番ブランドの黒い靴だらけ。百貨店を利用するのは年配のお客さまが多いので、黒しか売れないのだ。それだとますます若い世代は百貨店を利用しなくなるし、年配のお客さまにしても、「たまには違う色の靴が欲しい」と思っても買えないのである。

洋服売り場やバッグ売り場も、年齢層が高めのお客さまを対象にしたものばかりなので、若者の姿をほとんど見かけない。地方だと個別のブティックもほとんどなく、若者向けのファッションを扱っているイオンやユニクロなどで買うしかない。それだと、友達とファッションがかぶってしまうし、買い物をする時のワクワク感を味わえないだろう。

僕は、百貨店を再生するには、若者にも足を運んでもらうしかないと考えている。

そこで、2016年、ロコチョクを更に進化させた、「ロコチョク－D（LOCOCHOC-D）」という新しいサービスを始めた。これは、地方の百貨店を再生する起爆剤になるので、インパクトになると胸を張って言える。

ロコチョク－Dでは、ロコンドで扱っている商品の中から、百貨店の店頭にはない商品を展示・販売できるようにした。

例えば、ファビオルスコーニというイタリアのブランドをロコンドでは扱っている。地方の百貨店では、このブランドは見かけない。そうすると、地方在住の方は買うことができない。

そこで、百貨店にそのブランドの商品をロコンドから発送するようにしたのだ。「今週はファビオルスコーニ特集！」と小さなスペースで1週間だけ展示して、次の週は別のブランドの特集に切り替えることもできる。しかも、全てのサイズや色を揃える必要もない。専用タブレットからロコンドで扱う商品を店頭でチェックできるようにしたので、欲しいサイズがなければ取り寄せることもできる。

もし百貨店がブランドと直接交渉して、「1週間フェアを開きたいから商品を販売させてほしい」と頼んでも、おそらくブランドは難色を示すだろう。地方では売りづらいし、フェアに出品する時は100点や200点ぐらい送らないといけない。その期間に売れなかったら、在庫をまたブランドが引き取らなければならないので、赤字になるだろう。

ロコチョク－Dは既に取引をしているブランドの商品を、ネットで販売するか、百貨店の店頭で販売するかのどちらかなので、ブランドは手間がかからないし、売れれば利益が出る。地方にショールームを開いたようなものなので、多くの人に自社の商品を知ってもらえるきっかけにもなる。

百貨店もさまざまなブランドの商品を扱えるので、売上が上がるし、店員さんの販売力を活かせるのだ。

また、ロコンドで扱う全ての商品を店頭で注文できるので、お客さまは気になる商品を店舗に取り寄せて、そこで試着して購入するかどうかを決めることもできる。これなら、店側も他の商品とのコーディネートを提案して、他の商品を売ることもできる。

ロコンドとしては、サイトを見るだけではなかなか買うかどうかを決められないお客さまでも、百貨店の店員さんにアドバイスをしてもらうことで、今まで買うのをためらっていたお客さまを取り込めることになる。

これは関わる人全てにウィンがあるインパクトなのだ。既に大丸松坂屋さんに導入していただき、靴売り場でサービスを始めている。

ロコンドでは、この取り組みを「地方活性化オムニ戦略」と位置づけている。オムニとはオムニチャネルのことで、実店舗やオンラインストアなど、あらゆる販売チャネルや流通チャネルを統合することを意味する。

きっと、百貨店を元気にすることで、地方再生にもつながるのではないかと、僕は真剣に考えている。ネットだけで地方の問題を解決するのは難しいかもしれないが、百貨店というリアル店舗と組めば、再生のきっかけをつくれるのではないかと思う。

実はこのコンセプト自体はそれほど珍しくはない。10年ほど前から、こういうシステムを構築すれば地方の百貨店を再生できることは、この業界ではわかっていた。それを今まで実行したところがなかっただけである。

このシステムも他社がマネしようとすればできる。システムの開発自体はそれほど難しくはないだろう。

しかし、百貨店バイヤーのニーズを満たす品揃えを実現するのがまず難しいし、更に、物流オペレーションは想像以上に大変である。

百貨店の業界は独特な商法が成り立っている。百貨店に出店するメーカーは、百貨店ごとに値札を変えなければならないことになっている。三越用と伊勢丹用とでは、商品は同じでも値札を変えなければならないのだ。百貨店によって利用している運送会社も違うので、そこも合わせないといけないという事情もある。

このオペレーションの複雑さを知ったのは、ルコラインというイタリアの高級スニーカーブランドからの要請を受けて、店舗出荷も含めた倉庫の完全受託事業、e－3PL事業を始めた時だ。実際にこの要請を受けた時は、あまりにも細かい規定が多く、現場の作業は想像以上に大変だった。一緒に事業を進めていた社員はしばらく会社に来られない日が続いたし、逃げないことを信条にしている僕でさえ、「これは面倒な分野に手を出しちゃったな……」と後悔したぐらいである。

そういった問題を一つずつクリアしていき、e－3PL事業が立ち上がり、その学びを経て、ロコチョク－Dも出来上がった。

これから参入する企業も同じ苦労をすることになる。その頃には、既に数々の問題をクリアしたロコンドは、はるか先を行っているだろう。

他社が面倒でやりたがらないことこそ、それは自社だけのノウハウになって、大きなビジネスチャンスになる。

僕らは身をもってそれを証明したといえる。

何に投資をするべきか？

創業当時、「最高のサービス」というビジョンに基づき、あらゆるサービスを無料で提供していた。それがブレたらファッション通販サイト競争に勝てるはずがないと信じていたし、ロコンドはロコンドでなくなると思っていた。

しかし会社を永続させてサービスも永続させるためには「利益」を稼がなければならない。当たり前だろう、と思われるかもしれないが、最初の僕はわかっているようでわかっていなかった。

例えばロコンドでは、お客さまに最高のサービスを提供したいという考えに基づいて、誰でもすぐにコンシェルジュに電話できるようにしていた。サイト上のあらゆるページに電話番号を表示していた。「いつでも何でも電話してくださいね」そんなメッセージを出していた。赤字を垂れ流していたにもかかわらず。

もちろん、コンシェルジュによるお客さまのお買い物サポートを重要視しているのは、今でも変わらない。だが、必ずしも電話をされたお客さまが本当に満足している訳ではないことが、段々、わかってきた。そして思い切って、２０１６年、サイトをリニューアルした際、大々的に掲載しないことを決断したのだ。

一見、顧客満足度を上げることと逆行しているように感じるかもしれない。

だが、コンシェルジュが電話で対応するサービスにはコストが発生する。電話が多ければ多いほど、コストはかかる。それをどこで賄うかと考えると、商品の価格に上乗せはできないので、配送料無料をやめるなど、サービスを縮小するしかなくなるのだ。そうなると結果的に、一度も問い合わせたことのないお客さまにも負担を強いることになる。それは全てのお客さまにとってフェアになってないし、これが最適な投資配分なのだろうか、と思ったのだ。

考えてみると、働いている人は日中に電話で問い合わせるのは難しいし、今やＬＩＮＥなどのチャットが当たり前の時代になったからこそ、電話よりもメールでのやりとりの方が助かるだろう。大企業だとメールで問い合わせても担当者から返事が来るまで数日かかるので、即返信すればお客さまにとっても助かるはずである。

また、電話で問い合わせた時、「現在込み合っておりますので、しばらくこのままお待ちください」というアナウンスに、イライラして待った経験がある方もいるだろう。電話回線は限りがあるので、どうしても即つながる状態にはできない。そこで満足度も下がってしまう。従って、メールでの問い合わせにシフトし、必要に応じて電話をお掛けする方が、お客さまのためになるという結論に至ったのだ。

このシステムに切り替える時、お客さまにテストとして体験していただいた。すると、電話などにコストをかけるよりは、ご利用ガイドの充実やサイトの改修、商品の充実化にお金をかける方が、満足度が高いという結果になったのである。

リッツ・カールトンでは、大阪で宿泊したお客さまが書類を忘れていってしまい、従業員がその日のうちに東京まで届けに行った、という感動的なサービスの数々が伝説化している。

しかし、それは高級ホテルだからできることであり、僕らのようなベンチャー企業でそこまでするのは不可能である。また、リッツ・カールトンですら、全従業員がそんなことをしていてはホテルに誰もいなくなる。

社員の生活やお客さまの満足度を考えると、最終的には商品を充実させてロコンドの利用率を上げるのが一番理にかなっている。社員の対応が丁寧でも、商品がイマイチではお客さまのためにはならないだろう。実は、ロコンドがスタートしたばかりの頃は、コンシエルジュのサービスは素晴らしくても、商品は今一つ、という状況だった。これでは本末転倒である。

もちろん、今でも電話対応もゼロになったわけではないので、コンシェルジュの教育にはこれからも力を入れる点は変わらない。どこに投資をするかの優先順位は、常に見極めないといけないのだ。

ちなみに同じような話で言えば、創業当時のロコンドは恵比寿の一等地にオフィスを構え、華美な内装にもお金をかけていた。今でも僕らよりも売上も利益も少ないベンチャー企業なのにオフィスの内装だけは立派な会社がある。

「社員が長時間、働く環境だからこそ、快適に働ける環境をつくりました」と言えば聞こえはいいだろう。しかし本当に従業員は、素敵なオフィスで働くことを求めているのだろうか。もちろん、素敵なオフィスが好きな従業員もいるだろう。でもそれよりも働きがいとか、信頼できる上司とか、楽しい同僚とか、正当な評価とか、そういうものを求めているのではないだろうか。

そう考えて、今のオフィスの内装にかけたお金は最低限だ。ほとんどは楽天市場で仕入れて、最近も椅子は自分たちで組み立てた。倉庫の中にあるスタジオの内装はＤＩＹで賄った。お客さまと従業員という違いがあれども、考えは同じだ。重要なのは「何にお金をかけるのか」だ。

ロコンドはサービスも組織もまだまだ進化の途中。

2016年には、ロコンドのビジョンも「お客さまにほっこり体験を。」から「業界に革新を、お客さまに自由を」に変わった。お客さまが自由にお買い物を楽しめる環境を、どうやってイキイキと働くチームロコンドの仲間たちと実現できるのか。

過去の判断、今の考えが正しいかを自問し、正解は何かを追求する日々は既にスタートしているのである。

第2章

マイナスからのスタート

ロコンドと出会う

2011年4月上旬。

「ロコンドの倒産処理を進めたい」

そんな会社の存亡を決める衝撃的な話を、僕はいたって冷静に聞いていた。

会議室はその一言で緊張感に包まれ、その場にいた当時の共同代表取締役の3人は「声もない」という感じで呆然としていた。

声の主はロコンドに出資しているドイツのベンチャー投資会社「ロケット・インターネット」の創業者、オリバー・ザンバー。ドイツから、電話でロコンドを畳むよう指示をしてきたのだ。

オリバーはロコンドを倒産させる理由を淡々と語っていった。3人は何を言われても反論することもなく、あまりのショックに押し黙っていた。

僕はその光景を見ながら、「ラッキーだったな」と他人事のように思っていた。実際、他人事だったのだ。僕はその時はインターン（有給で実地訓練をする立場のこと）という立場で、正社員ですらなかった。

「共同代表者にならなくて、本当によかった……」

この時、胸をなでおろしていた僕が、まさか1週間後にロコンドを背負って立つことになるとは知る由もなかった。

僕がロコンドのことを知ったのは、遡ること5カ月前、2010年の12月である。

当時の僕はマッキンゼー・アンド・カンパニーの日本法人に所属している経営コンサルタントだった。マッキンゼーでは26歳で同社の史上最年少のマネージャーに就任するなど、コンサルタントとしてそれなりの実績をあげていた。私生活も六本木の高級マンションに住み、毎晩ホームパーティと称してレースクイーンやアナウンサーと合コンをし、まるで「資本主義の豚」のような生活を送っていた。

しかし、マッキンゼーに入社して4年が経った頃、MBAを取るためにアメリカの大学で2年間留学し、その後、DeNAの米国支社で半年間働いたが、帰国後ちょっと行き詰まっていた。

シリコンバレーで若い起業家たちと出会い、短期間ではあっても一緒にビジネスをしてから、日本のマッキンゼーでの仕事は、何か物足りさを感じていたのだ。以前は楽しかった資本主義の豚のような生活も、「こんな人生を送っていたらダメ人間になる」と徐々に不安感を抱くようになっていた。このあたりのマッキンゼー時代の話は前著『なぜマッキンゼーの人は年俸1億円でも辞めるのか?』(東洋経済新報社)でも紹介しているので、そちらを参考にしていただきたい。

そうこうしているうちに自分の中の起業をしたいという想いがどんどん強くなってきた。そしてついに、起業資金を稼ぐまでの間、転職をしようと思い立ち、マッキンゼーに辞めたいと伝えた。その転職活動を始めた時、ヘッドハンターから勧められたのがロコンドだったのである。

当時のロコンドは株式会社ジェイドが運営していた。その年の10月22日に創業したばかりで、僕が面接に行った時はロコンドのサイトを立ち上げるための準備をしている真っ最中だった。

面接に指定されたロコンドのオフィスは恵比寿の一等地にあり、しかも200坪の広々としたスペースだった。オフィスの半分はまだガラガラで、玩具のサッカーボールとゴールが置いてあるだけ(おそらく、社員は仕事の合間にそれで遊んでいたのだろう)。残りの半分はデスクと椅子がある普通のオフィスで、カラフルな服に身を包んだ大勢の社員が、忙しそうに立ち回っていた。

「創業2カ月で、こんな一等地で、こんな広いフロアを借りるなんて……」と驚いている僕に、長身のドイツ人の男性が事情を説明してくれた。彼はロケット・インターネット本体の代表取締役。当時はオリバーの「雇われ社長」の立場にあった。身長190センチはありそうなすらっとした長身で、顔を見る限り、まだ20代のように思えた。

「あと2、3カ月もすればこの空いたスペースは全て社員で埋まるよ。もしかしたらスペースが足りなくなるかもしれないな」

その言葉を聞き、「ええ？　そんなに大規模な企業になるってこと？」とますます驚いた。

ロケット・インターネットは、今やヨーロッパで知らない者はいないと言われるザンバー3兄弟によって、2007年に立ち上げられた。彼らは、シリコンバレーで成功したビジネスモデルをコピーしてヨーロッパや東南アジアで展開している。彼らが徹底しているのは、自分たちで新しい技術やサービスを確立することは一切せずに、既に成功したモデルを模倣することだけに特化しているのだ。今までコピーしたネットビジネスは100件を超えると言われている。

そのため彼らの手法には批判も多く、「パクリ屋」と呼ぶ人もいる。会社を設立したら数カ月でウェブサイトを開設し、大々的に広告をかけて一気に集客して売上を伸ばし、すぐに他の会社に売却する。数カ月で創業から売却までを実行する、正にロケット並みの勢いで突き進んでいる会社なのだ。

　批判が多くても、その手法で成功を収めているのは間違いない。彼らが投資した欧州最大手のファッション通販サイト「Zalando（ザランド）」は、日本のＺＯＺＯＴＯＷＮの売上の2倍の規模を誇る。ちなみに、おせち事件で世間を騒がせたグルーポンも、ロケット・インターネットが出資して立ち上げた会社だ。

　ジェイド（現ロコンド）は彼らの１００％出資会社として生まれた。だからロケット・インターネットから送り込まれたドイツ人がジェイドの取締役も務めていたのだ。

　僕は率直に、将来、起業をしたいこと、そのために転職して資金を集めたいと考えていることなどを彼に話した。日本の企業ではそんな話をしたら「うちの会社は腰掛け程度に考えているのか？」と怒られそうだが、欧米では当たり前の話である。

　そうしたら「それなら、ロケット・インターネットに籍を置いて、投資先の企業で働きながら、一緒に起業アイデアを練ってもらうのはどうだろう。そのアイデアに対してロケット・インターネットが投資するという制度もあるんだ」と勧めてくれた。

　僕にとっては願ってもない申し出である。

　更に、「起業するまでの間、ロコンドを手伝ってほしい。ウチは今、マネジメントできる人間が揃っていなくて、特にオペレーションはまだガタガタだから、ぜひ助けて欲しい」と頼まれた。

これが僕とロコンドとの出会いである。

ロコンド誕生前夜

ロコンドは、アメリカのザッポスをモデルにしてつくられたEC（電子商取引）サイトである。実は、ザッポスは僕にとって少なからず思い入れがある会社だった。

ザッポスは靴に特化した通販サイトで、1999年の創業時にトニー・シェイが投資家として加わり、後にCEO（最高経営責任者）となって一大ビジネスに築き上げた。僕はアメリカの留学時代にトニー・シェイの講演を聞き、すっかり魅了された。彼の著書『ザッポス伝説』（ダイヤモンド社）は僕にとっての座右の書である。

ザッポスは、送料無料、購入後の返品は365日以内ならOK、返品の送料も無料という、常識外れのサービスを打ち出した。そもそも靴は試し履きしないと購入できないので、ネット通販で扱うのは難しいと考えられていたのだ。それが創業から10年足らずで年商1000億円に達するほどに成長している。

トニー・シェイはカスタマーサービスに、特に、力を入れた。ザッポスのコアバリューの一つに、「サービスを通してWOW（驚き）を届けよう」という考えがある。お客さまをWOWと驚かせるために、オペレーターが電話で8時間も一人のお客さまの相談に乗ったこともあるし、家族を亡くしたお客さまのために花束を届けたこともある。そのようなエピソードの数々は、今では伝説になっているのだ。

ロコンドも、基本的にはザッポスのやり方を踏襲することになっていた。

僕はロケット・インターネットについては、創業5年目で既に世界で名を知られる企業に成長していることをリスペクトしていたし、トニー・シェイには心酔していた。だから正式に採用が決まった時は心から嬉しかった。

しかし本当にロケット・インターネットで起業できるかどうかはわからないし、ロコンドが成功するかどうかもわからない。そこで、マッキンゼーにはしばらく籍を置いたままにして、インターンという形でロコンドをサポートさせてもらうことにした。

2011年1月4日が、僕のロコンド初日である。

ロコンドは、日本人の男性二人とドイツ人男性一人の合計3名が共同創業者かつ共同の代表取締役に就いていた。日本では珍しいかもしれないが、法律的には代表取締役は1人である必要はなく、2人でも3人でもいいのだ。

日本人はそれぞれマッキンゼーとボストンコンサルティングの出身で、ドイツ人はスイスの金融機関の出身だった。3人とも30代で、ロケット・インターネットから招集されたメンバーで、経営者としての経験はゼロだった。

また、各部署のマネージャーはMBAホルダーや経営コンサルタント出身者だった。欧米でMBAを取得したような人ばかりで、ロケット・インターネットからは何十人もの海外メンバーが送り込まれていたので、社内では普通に英語が飛び交っていた。

ロコンドは2月15日に本格的にサービスを開始することが決まっていた。12月に面接に来た時よりも更に社員の数は増え、20代や30代の若者が慌ただしくオフィスを出入りしている。誕生前夜らしい活気に満ちていた。

3人は、ソーシング（商品）担当、マーケティング・IT担当、そしてドイツ人のオペレーション（物流）・財務担当と分業体制になっていた。

僕はドイツ人のオペレーション・財務担当の共同代表者の下に「オペレーション担当ディレクター」として就いて、オペレーション構築を支援することになった。当時、僕の立場はあくまで支援者だったので、彼の下でロコンドを支援することも甘んじて受諾した。

その時の僕には物流の経験がまったくなかった。否、物流やオペレーションのコンサルティング経験は有していたものの、実際に物流拠点を立ち上げた経験はなかった。

そこで何をしたらいいのかを尋ねると、「ロコンドはまだ創業して2カ月経ったばかりで、フロー（流れ）も未構築の状態なんだ。それどころか、現状のフローがどうなっているかも僕はわからない。だからまずは現状のフローを整理してもらえないか？」と頼まれた。僕は快く引き受けた。

最初は自分で資料を一からまとめることも考えたが、マネージャー陣はMBAホルダーや経営コンサルタント出身者なので、僕がヒアリングをするまでもない。資料の取りまとめは彼らに任せることにした。僕は物おじしない性格なので、インターンという立場であっても、平気でマネージャーに仕事を指示していた。

数日すると資料はまとまり、任務は完了。こんな感じで、僕のロコンドでの仕事が始まった。

最初から勝てない勝負なのはわかっていた

順風満帆に思えたロコンドでの仕事も、一カ月も経たないうちに「このままじゃ、この会社はヤバいんじゃないか……」と懸念を抱くようになった。

例えばロケット・インターネットはロコンドに10億円も投入していた。2月のスタート時までに10万足の靴を買い揃えるように命じたのである。更に、春物がスタートする時期までに40万足を揃えておけ、という指示もあった。

しかし、経営陣は経営コンサルタントや金融マンとしては優秀であっても、靴業界に詳しい人は一人もいなかった。また、たとえ靴業界の経験を有していなくとも「在庫をただ揃えるのではなく、お客さまが求める靴を揃えるべきではないか」という、当たり前のことをロケット・インターネットに具申する人間もいなかった。

そこで何が起きたか。

消費者が欲しいと思うような靴を選んで買うという前提がすっぽりと抜け、「とにかく10万点揃えよう」という目標を掲げてしまったのだ。

当時の共同代表者の一人は、浅草橋と神戸の靴問屋やメーカーに1軒ずつ掛け合って、契約を取って行った。しかし、問屋やメーカーにある在庫は、ほぼ売れ残りである。問屋もメーカーも、百貨店や個別の靴店向けの商品は早い段階で売ってしまっているのだから、どこにも売れなかったような靴しか残っていない。

「10万点を揃えなきゃ！」という頭になってしまっているバイヤーたちは、そういった売れ残りを定価で、しかも現金で買い取っていったのだ。値引きの交渉すらしなかったのである。だから、ロコンドは当時の靴業界の「救世主」とまで言われた。殿様商売もいいところである。

正直、僕は商品の靴を見て、「これはダサすぎるだろ……誰が1万円も出してこの靴を買うんだよ」と心の中でつぶやいていた。

厳しい言い方になるが、誰でも10億円を渡されて「何でもいいから靴を10万点揃えて」と言われたら、すぐに達成できるだろう。

もっとも、当時の代表たちももしかしたら最初はいい靴を選ぼうとしていたのかもしれない。それができない状況だとわかって、「投資家の要望だから」ととにかく数を揃えることになった可能性もある。だが、いい靴を揃えられないなら、投資家を説得すればよかったのだ。それが経営者のすべきことである。

しかも、アマゾンは2008年にJavariというファッションサイトを立ち上げていた。

ここもザッポスを意識しているのは明らかで、全ての商品を翌日に配送料無料で届けて、30日以内であれば返品を無料で受け付けていたのだ。巨大サイトアマゾンに勝てるわけがない。もしアマゾンが靴部門を強化したら、ロコンドはひとたまりもないだろう。

経営コンサルタント的に見ると、ロコンドは最初から勝ち目のない戦いをしているようなものなのだ。

更に、当時のロコンドは「年内に日本一のファッションECになり、3年で年商1000億円、従業員数500名超となり、各種ファッション商品を取り扱い、グローバル連合を組んで最高のおもてなし企業を目指す」という大きな目標を掲げていた。

そのために、1年以内に社員を200人に増やすようにロケット・インターネットから命じられていたのだ。

僕の次のミッションは、組織拡大に伴うスペースの確保であった。

創業時は10人から始めて、12月の段階では50人、2月のサービス開始時には120人ぐらいの社員がいた。創業3カ月でここまで人数を増やすのは尋常ではない。売上ゼロの状態で次から次へと人を雇っていくのは、相当リスクが高いことは、経営コンサルタントでなくてもわかるだろう。

だから、僕はドイツ人たちに、「どうして、そんなに組織を急拡大をしなくてはならないのか?」と尋ねた。

すると、皆、「ザランドがそれくらいの規模だし、それがオリバーの指示だから」としか答えない。

「いやいや、だったらザランドの売上規模になってから広げればいいじゃん!」と反論をしたのだが、聞き入れられなかった。ここでも、みんなが「社員を200名にしなきゃ」という頭になっていたのである。しょせん、みんな自腹は傷まず、他人のお金だからそういう頭になったのだろう。

しかし、インターンである僕には、それ以上どうすることもできない。僕は新たなスペースを確保するミッションに取り掛かることにした。

当時は、埼玉県の三郷市に倉庫があった。その倉庫はビルの5階に位置していた。元々、その倉庫内にオフィススペースをつくるという案があったらしいのだが、規制の関係上、遅々として進んでいなかったのだ。そのうえ、倉庫内にオフィススペースをつくるのは数千万円のコストがかかるし、つくってしまえばもう後戻りができなくなる。

元のアイデアの方向性で進めるには、あまりにもリスクが高い。そう判断した僕は近所の不動産屋に電話を掛けまくった。倉庫の近くに安い物件を借りるのが最善策だと判断したのである。

そして物件をいくつか見せてもらうと、一ついい物件が見つかった。三郷駅から徒歩5分のところにある、2階建ての普通の店舗兼住居である。木造建築で、お風呂はいかにも昭和な感じで、「となりのトトロ」のまっくろくろすけが出てきてもおかしくない物件だった。

「倉庫までは自転車だと1分で行けるし、ここで十分じゃないか？　家賃も初期費用も格段に安くなるし」

僕のそのアイデアを、ドイツ人たちは納得してくれた。

振り返ってみると、僕は少なくとも僕自身の領域に関しては、ロケット・インターネットの命令に黙って従うことはほとんどなかった。

2月末からテレビCMを打つことが決まった時、興奮した面持ちの共同代表者の一人から、「問い合わせが殺到するだろうから、電話のオペレーターを1週間で50人揃えてほしい！」と言われた。

僕は思わず、「えっ、電話は5台しかなくて、今はその5台も全然鳴らないのに、50人も雇うの？　もっと少なくていいんじゃない？」と異議を唱えた。

すると、「いや、ロケット・インターネットがそう望んでいるんだよ。採用の費用はいくらかけてもいいから、優秀な50人を揃えてよ」と言い渡されたのだ。

しかし、僕はどうしても問い合わせが殺到するとは思えなかった。否、確率は低いものの、もしかしたら問い合わせが殺到するかもしれない。しかし問い合わせが殺到したとしても売上が落ちる訳ではない。もしそんな事態に実際になったら、急ピッチで採用を進めればよいだけである。

そこで、派遣社員10人に1日だけ来てもらうことにしたのだ。サラリーマンなら言われた通りにやればいいはずだが、僕はどうしても間違ったことはやりたくなかった。

それを知った代表たちからは、「えっ、10人だけ？　それじゃ、全然足りないよ」と文句を言われた。ところが、CMがスタートした当日にかかってきた電話は、20件だけ。僕の読み通りだったのだ。

社内の社員だけで十分対応できるので、派遣会社とはその日だけで契約を打ち切ってしまった。

今考えてみると、まるでコメディ映画のようなことを当時はみんなが真剣にやっていた。起業するのに資金は必要だが、最初から潤沢にあり、しかも自分で稼いだお金ではないと、おそらく金銭感覚が鈍くなるのだろう。

正に湯水のように使ってしまい、サービスを開始する前から既に危機的な状況に陥っていたのを、誰も気が付かなかったのだ。

現場に行かないとわからないこともある

ロコンドに参画して1カ月が過ぎた頃、僕はロケット・インターネットから正式に4人目の代表取締役兼共同創業者になってほしいと頼まれた。

ロケット・インターネットに在籍しながら起業するという計画は、早くも頓挫しかかっていた。ロケット・インターネットが日本で最初に投資した会社のグルーポンは、1月に「おせちスカスカ事件」を起こしていた。その後処理で大変なうえ、ロコンドもこれからという状況で新たな会社を設立するのは当面難しいと、ロケット・インターネットは考えたのである。

ガッカリしている僕に向かって、ロケットの人間たちはロコンドの4人目の代表者になってほしいといったのだ。ロコンドには腰掛け程度にいるつもりだったし、何だかいわゆる「起業」とも違うし、僕は迷った。しかも、共同代表が4人もいるという例はベンチャー企業でも聞いたことがない。

それに対して、「確かに一般的じゃないかもしれない。でもブラジルのダフィティは5名の代表者がいるし、短期間で大きな事業を立ち上げる以上、代表者が何人いてもおかしくはない。代表者が3人以下でなければならない理由なんてないだろう?」がロケットの言い分だった。

「ユウスケはこの1カ月間で色々な成果を出してくれているし、ぜひロコンドの成長を支えてほしいんだ。ユウスケには新規事業を担当してほしい。ザランドもここまで成長していく上で新規事業をたくさん立ち上げてきたんだ。大きなスケールの新規事業をスピーディに立ち上げる。これはロコンドが3年間で1000億円の売上を目指すためには必要不可欠なんだ」

熱心に口説かれたものの、それでも僕は即答できなかった。

先に述べたように、この1カ月でロコンドが相当無茶な経営をしているのはよくわかった。

それに、僕の目標はあくまでも起業家。他の代表たちがゼロからスタートした企業に途中参加して代表になるのは、自分がイメージしていた起業家像とはかけ離れている。

「何だかなぁ……」とモヤモヤした僕は、結局、サービスが本格的に開始した時点では共同代表者にはならなかった。しばらく保留することにしたのである。

2月15日にロコンドはサービスをスタートすることになり、「日本版ザッポス誕生」とメディアでも華々しく取り上げられた。この頃記者会見や取材に応じていたのは、3名の共同代表者たち。社内は活気が満ちあふれ、誰もが成功を信じて疑っていなかった時期である。

2月下旬には俳優の近藤正臣さんを起用したテレビCMを打った。創業してから約4カ月後、試験サイトを開始してからは3カ月後のことである。

殿様姿の近藤さんが「コンドーです、ロコンドーです」とダジャレを言うCMは、話題になった。近藤さんはわざわざロコンドのオフィスを訪ねてきて、無名の会社を快く応援してくださった。

しかし、順調にスタートを切ったかに見えて、早くもトラブルが発生。10万点の商品のうち、5万点がウェブサイトにアップされていないことがわかったのだ。

半分の商品が販売機会を逃しているという、いきなり大ダメージを受けるようなトラブルだった。

電話で現場の社員とやりとりをしていても埒が明かないので、僕は倉庫に直行した。その当時から、倉庫に届いた商品は、すぐに在庫登録をして、倉庫の隅の撮影場所で撮影してウェブにアップするという流れになっていた。物流担当の社員たちも、決してサボっていたわけではない。それどころか、みんな目の下にクマまでつくって、ヘトヘトになって作業をしていた。準備期間が短すぎて、いくら社員を増やしても対応できない状況になっていたのだ。

作業の流れをたどると、ヒューマンエラーが起きやすいプロセスになっていたことも判明した。例えば、在庫登録をしている最中に新しい商品が届いたら、社員は荷物の受け取りのために作業を中断してしまう。すると、その在庫登録をする途中の商品は登録をし終わっていないので、在庫がないという状況になってしまうのだ。

「これは確かに、ミスが起きやすい状態だな……」と僕も初めて知った。僕自身、インターンとはいえども物流担当ディレクターという職にありながら、現場のことをまったく理解していなかったのだ。

とにかく、5万点を一日も早くウェブサイトにアップしなくてはならない。

僕は覚悟を決めて、それから2週間、社員と一緒に毎日倉庫で働いた。来る日も来る日も、パソコンで在庫登録作業をしたり、撮影した画像をアップするという、地道な作業の繰り返し。こんな作業を毎日黙々とこなしてきたみんなには、頭が下がる思いだった。

家に帰っている時間もなく、倉庫の周辺で泊まるところを探すとビジネスホテルが見当たらず、仕方なくカップル向けのホテルに泊まった。

一人でホテルの天井を見上げながら、「オレ、もうすぐ初めての子供も生まれそうなのに、なんでこんなホテルに泊まっているんだろう……」とつぶやいていたのは、今でも忘れられない。

しかし、そんなため息をつきながらも、この瞬間、僕はコンサル脳から経営者脳に徐々に切り替わったような気がする。

コンサルタントの場合、何かトラブルが発生した時は、会議室に関係者を集めてホワイトボードにチャートやグラフを書き、「ハイ、今ここのプロセスで問題が発生してるね。どうすればいい？」とみんなで話し合う。現場を見ることなく、情報だけで問題解決のためのアプローチをするのだ。

しかし、情報収集や分析だけで解決する問題ばかりではない。現場に行って、実際に自分で作業を体験してみないと、解決策を導けないこともある。そんな当たり前のことに、僕はその時まで気付かなかったのだ。

サービス開始2カ月で破産通告

２０１１年3月11日。

あの日、僕は倉庫の一角にある撮影スタジオでパソコンに向かっていた。サービス開始から1カ月弱。まだ立ち上げ直後のバタバタが収まったとはいえない状況だった。しかもテレビＣＭを流したものの、売上は計画の10分の1にも満たない有様だったのである。社内に何となく重たい空気が漂い始めた頃だった。

グラグラッと小さな揺れを感じ、「あ、地震だ！」と最初は呑気（のんき）に構えていた。ところが、次第に揺れは大きくなり、突き上げるような激しい揺れに襲われた。撮影機材が次々と倒れた時、「これはただごとじゃない」と思いながら、「机の下に潜れっ！」と叫んだ。

気が付くと、僕はとっさに目に付いた棚の上のワインの空瓶を右脇に抱えこんでいた。動転すると人はどんな行動に出るのかわからないものである。

その場にいた皆が机の下に潜ってから、どれぐらいの時間が経っただろう。20秒か、30

秒か。もっと長かったのか、それとも短かったのか……。揺れは一向におさまらず、このまま永遠に続くようにも思えた。

倉庫のあちこちで、物が倒れる音や、何かが割れる音がしている。揺れがおさまって、机から這い出たみんなと「大丈夫だった？」「今のは大きかったね」と言い合っていると、また大きな揺れが襲ってくる。

頼む、止まってくれ！　正に生きた心地がしない状況だった。

揺れがほぼおさまると、僕はすぐに商品の保管スペースへ向かった。そこでは何十人もの社員が働き、高くて重たい棚がいくつも並んでいる。

「誰もケガをしていなければいいが……」と思っていた僕の目に飛び込んだのは、無残な光景だった。ドミノ倒しになったいくつもの棚、棚、棚。棚に並んでいた靴箱は床に落ち、無数の靴と箱が散乱していた。それをかき分けて中に入っていくが、誰の姿も見えない。話し声も聞こえない。

「まさか大惨事じゃ……」という不安をかき立てられながら、奥にある作業スペースへ進むと、社員たちの姿をようやく確認できた。

恐怖と不安で泣いている社員もいたが、幸い、けがをした人は誰もいなかった。その時、たまたま全員が作業スペースで働いており、そこには棚が置かれていなかったおかげで無事だったのだ。この時ほど、胸をなでおろしたことはない。

みんなで散乱した商品を呆然と見つめながら、「どれだけの損失になるんだろう……」と僕はぼんやりと思った。とにかく片づけるしかない。しかし、何度も揺れが襲ってくるので、その都度作業スペースに避難し、まったく仕事にならなかったのを覚えている。電話回線も被害を受けていたので、事務所とも連絡がつかない。更に、自宅とも連絡がつかないので、身重の妻は無事なのか、気が気ではなかった。

その日から、僕らは復旧作業に追われることになった。

当時の東日本は、電気や交通のインフラが不安定な状態。一部の人々が食料品やガソリンの買いだめに走り、コンビニやスーパーでは食料品の棚がガラガラになるなど、軽いパニック状態になっていた。

そんな状況だから、当然ネットで靴を買おうなんていう人は、ほぼいなかった。倉庫のオペレーションも宅配便も混乱していたから、商品の即日発送などできるはずもない。お客さまからのキャンセルも相次ぐ。たとえお客さまからキャンセルされなくても、棚から商品が落ちて傷が付き、こちらからお客さまにお詫びやキャンセルの連絡を入れることも多かった。もともと売上が芳しくなかったのに、更に落ち込んでいく一方だったのである。

それでも、僕を含めて全社員が一丸となって、「とにかく自分ができることをやろう」

と取り組んでいた。

被害の大きかった、宮城県のお客さまからの問い合わせもあった。注文した商品を今からでもキャンセルできるかという相談だったのだが、僕は商品のことよりもお客さまの身を案じた。そのお客さまからは後程、直筆の手紙を会社宛てに頂いた。

僕らに話し、ロコンドでお買い物をすることで少しでもお客さまの不安が和らぐのなら、何時間でも耳を傾けるし、倉庫復旧も頑張ろう。この震災での経験が、僕の中の何かを覚醒させた気がする。トニー・シェイがなぜザッポスの顧客サービスに心血を注いだのか、身を持って理解したような気がしたのだ。

トニー・シェイの自叙伝『ザッポス伝説』の原題は『Delivering Happiness（幸せのデリバリー）』である。お客さまに商品を届けるのだけが幸せにつながるわけではない。心を届けるのが幸せにつながるのだと、ロコンドの使命に気付いたのだ。

だが、ビジネスにおける決断は、時に冷徹である。

特にロケット・インターネットが求めるスピード感は、世間一般の企業とは比べものにならない。彼らにとって投資の成否を判断する基準はスピードで、それも「年」ではなく、「月」単位なのだ。

そして、2011年4月上旬。

最悪の状況の中で、ロケット・インターネットから「ロコンドの倒産処理を進めたい」と決定を言い渡されたのだ。

まだ東日本大震災の後処理に追われている最中の無慈悲な通告に、僕はグローバル企業の冷徹さをひしひしと感じていた。

自分だけ逃げてもいいのか

ロコンドが倒産するかもしれないという話は、あっという間に社内に伝わった。

そして旧代表者3名のうち、日本人の代表者2名は「社員にどうやって伝えるか」と悩んでいたが、ロケットから派遣されたドイツ人たちは、共同代表者も含め、さっさと退任して帰国してしまった。元々、彼は、ロコンドのためにロケット・インターネットから送り込まれてきていたので、日本に残る理由は何もなかったのだろう。そんな状況を見ていたら、社員もさすがに異変が起きていることがわかる。

「えっ、私たち、どうなるの?」と呆然とする者も、「とりあえず、やるべきことをやろう」と黙々と仕事を続ける者も、さっさと転職先を探し出す者もいた。

僕も、「どうしたものか……」と毎日自分の今後について考えていた。

その時点では、僕の籍はまだマッキンゼーに残したまま。退職予定の有休消化中のような感じだった。だから、まだ戻ろうと思えば戻れる。

「正式に退職する前で、ラッキーだったな。ちょっと格好悪いけど、いったんマッキンゼーに戻るかな」という気持ちに傾いていた。

ところが、それから1週間後。突然、ロケット・インターネットから「二人の代表取締役とユウスケと3人で、もう一度話し合いたい」という連絡が来た。

指定された打ち合わせ場所は、上海。彼らが原発事故後の放射能の不安がある日本に来ることを敬遠したからだ。

上海に向かう飛行機の中、沈みきって生気のない二人の代表者たちとは対照的に、僕は一人でワインやビールを飲みまくった。マッキンゼーに戻ろうと考えていたので、半ば観光気分だったのだ。

ロコンドの立ち上げ失敗は、決して震災のせいではない。

確かに震災で日本経済は大きなダメージを受けたし、原発の懸念などもあった。日本市場に明るさを見出せなくなったことが、ロケット・インターネットの判断に大きく関係したことは事実だろう。

しかし、たとえあの震災が起きなくても、遅かれ早かれあの頃のロコンドは行き詰まっていたと思う。

商品は仕入先との価格交渉もせず、言い値で仕入れてくる。品揃えも流行やお客さまのニーズをまったく考えていない。巨額の費用を使ったテレビCMは時期尚早だったし、オフィスや倉庫の賃料、人件費などもかかりすぎていた。どう考えても、成功するわけがない。

上海の空港に着くと、待ち構えていたオリバーに連れていかれたのは、空港内のバーガーキングだった。スーパーアグレッシブな投資家である彼は、空港からホテルに移動する時間すら惜しむ。まして、経営を失敗した僕らに対して、ホテルのカフェの高級なコーヒーを飲ませる価値なんてない、ということだったのだろう。

僕はこの日から遡ること2週間前、初めてロコンドの事業計画書や資金繰り表などを見せてもらった。正式に共同代表に就任していない僕には、それまでロケット・インターネットがどれぐらい投資し、どういう計画で経営を実行していたのか、はっきりとは知らされていなかったのだ。

そしてオリバーが提示した話し合いのテーマは、意外にもロコンドの再生計画だった。どうやら、この1週間で考えが変わったようだ。彼は最後にもう一度、再生の可能性を確かめるために僕らを招集したのだ。

つまり、ロコンドが生き残れる最後のチャンスである。

与えられた条件は、かなり厳しい。銀行口座にお金は、ほとんどない。売上も、ほぼない。それなのに、毎月1億円以上の支払いを抱えている。この状態から、何とか黒字まで持っていくにはどうすればいいのか。テーブルの上に置いたノートパソコンでエクセルの事業シミュレーションをいじりながら、4人で再生計画を話し合った。

いや、正確に言えば話したのは、僕とオリバーの二人だけだった。二人の代表者のうち、一人は完全に黙ったままだし、もう一人も最初こそ少し発言したが、途中から何も言わなくなってしまった。

おそらく彼らとしては「自分たちは、ロケット・インターネットがつくった事業計画を実行しただけ。失敗は、自分たちのせいではない」という気持ちだったのだと思う。だから、責任を問われても困るし、再生の計画を考えるモチベーションもない。もはや「倒産してもいいや」と投げ出していたのだろう。

だが、彼らはまがりなりにも経営者である。投資家がどうあれ、会社を守り、事業を成長させる責任があったはずだ。最後のチャンスなのにロコンドを守ろうともしないので、オリバーも内心ガッカリしていたのではないかと思う。

結局、僕一人が話し続けることになった。僕は今までやってきたことの問題点を指摘し、「こんな大雑把なやり方をしていたら、うまくいくはずない」と力説した。事業を続けるならビジネスモデルを変えないといけないし、取引先も再検討しなくてはならない。オフィスや倉庫の高い賃料、社員の高額な給料など、とにかく支出を抑え、限られた資金を有効活用する方法を考えなくてはならないのである。

僕は代表でなかったからこそ、言いたいことを言えたのだと思う。感情的にならずに、オリバーと冷静に議論した。

結局、バーガーキングで10時間ぐらい話し合っていたのではないだろうか。コーラを何杯もお代わりしたので、お腹はタプタプいっていた。ようやくある程度事業の継続ができそうな再生計画がまとまったところで、僕らはようやく解放された。

しかし、ホテルに着いてからも、二人の代表者たちは「もう辞めたい……」とつぶやくばかり。

「これじゃあ、再生したくても無理かもしれないな」と、僕はまたしても他人事のようにとらえていた。言いたいことは言ったし、僕は実にスッキリした気持ちでその夜は眠りについたのである。

余談だが、バーガーキングを出た時、オリバーは「こんな時刻だったらもう日本には戻れないな……」と言った。彼は再生計画のミーティングが早く終わったら、その場で僕らを日本にとんぼ返りさせるつもりだったのだ。

「さすが、ここまでの会社を創って来た人間だな。どこまでも厳しくて徹底しているな……」そんな風に感じたのを今でも覚えている。


一夜明けて、オリバーから電話がかかってきた。

「ユウスケが正式に経営に加わるなら、追加で5億円投資してもいい」

その言葉を聞いた時、表面上は「少し考えさせてほしい」と冷静に対応したが、心の中は「えっ、マジで!?」と動揺しまくっていた。

ロコンドが継続するか、倒産するかは、僕で決まってしまうのだ。

もし前日の話し合いに出席したのが二人の代表者たちだけだったら、おそらく彼もロコンドの再建はムリだと判断しただろう。僕が言いたいことを言っている様子を見て、再生の可能性を感じたのかもしれない。

とはいえ、いくら再生計画ができたとはいえ、それはあくまでエクセル上の話。実行するとなると相当の覚悟が必要だし、うまくいくという保証もない。否、うまくいく確率は5%もなかった。うまくいかなかった時は、僕が倒産させたことになってしまう。

しかも、もしロコンドに残ったら給料はマッキンゼー時代の半分以下になる。それどころか、倒産寸前の会社で自分の給料を確保できるかどうかもわからない。

プライベートでは、僕は2週間後に初めての子供が生まれるという状況だった。当然、出費も今まで以上、かかる。妻には、既に事情を話し、マッキンゼーに戻ろうと思っていることも伝えてあった。それを聞いて妻はホッとしていたのだ。

どう考えても、普通は辞退するだろう。もちろん、上海に呼ばれた時点で、僕を正式に巻き込むつもりだろうな……とは考えていた。しかし、どう考えても勝ち目が無かった。

このオファーを辞退しても、誰も僕を責めたりはしないと思った。そもそも、そこまでどん底の状態になっているのは、僕が原因ではないのだから。僕はここに至るまで、何ら経営判断は下していないし、会社資金にはいっさい手を付けていない。

だが、ロコンドが倒産すれば、社員は全員、直ちに職を失うのは間違いない。震災で混乱する中での再就職先探しは、きっと大変だろう。そんな中、僕だけマッキンゼーに戻って、何事もなかったかのように過ごしていいのだろうか。

いや、正直に書こう。「みんなの雇用を守りたい」という責任感はそれほど、大きくなかった。僕はそこまで善人ではない。

それよりも「自分だけ逃げてもいいのだろうか」という罪悪感、そして「ここで逃げたら逃げ癖が付く。逃げてたまるかよ」という、負けん気の方が大きかった。沈みかけた船から、自分だけ脱出しようとしているようなものである。

僕は、結局結論を出せないまま飛行機に乗り込み、日本へと戻ったのだった。

1%の可能性にかける

代表者として正式にロコンドに参画するか、ロコンドを去ってマッキンゼーに戻るか。僕は帰国してからもしばらく悩んだ。

会社に戻ると、社員たちは不安そうな表情で僕のことを見ている。

「ごめん、俺には荷が重いから、マッキンゼーに戻るね」などと言えるわけがない。

しかし、そんなに簡単に引き受けるとも言えない。なにしろ、負の遺産が多すぎる。

5億円の追加投資があっても、毎月1億円の支払いがあるのだから、単純に考えればこのままだと半年後には行き詰まるのだ。

もう既に銀行口座にお金はほとんどない。売上は全て商品の代金などに消えていくだろう。この先、社員の給料を払えるかどうかもわからないのだ。

経営者になるにしても、「ゼロからのスタート」どころか「マイナスからのスタート」なんて、最悪である。

でも一方で、僕はロコンドのビジネスモデルには魅力を感じていた。

僕はアメリカに留学している間、ザッポスの創業者であるトニー・シェイの講演を聞いたことがある。

講演の中で、トニー・シェイはとても魅力的な人物で、好感の持てる人だった。彼の話はとても素晴らしかったし、「ビジネスを通じて、人々に幸せを届ける」というメッセージも印象的だった。その頃はまさか自分がロコンドの経営を任されるとは思っていなかったが、「なるほど、これはやる価値のあるビジネスだな」と感じていた。

ザッポスも、最初からうまくいったわけではない。設立当初はさまざまな困難に直面し、ピンチを乗り越えて成功を収めている。

しかも、２０１１年時点ではロケット・インターネットが投資したドイツ版ザッポスの「ザランド」という配送料・返品無料のＥＣサイトが好調だった。東南アジアでも同じようなサービスが、やはりうまく立ち上がっている。

彼らにできたなら、僕らにだってできるかもしれない。いつしか、そんな気持ちが芽生えていた。

それは、たった1％の可能性かもしれない。しかも、なんの根拠や裏付けもない、心もとない1％なのである。それでも、「もしかしたら、これはチャンスかもしれない」という想いがだんだん心を占めるようになってきた。

もしロコンドの代表就任を迷っていたのが僕の友人で、僕に経営コンサルタントとしてアドバイスを求めてきたとしたら、まちがいなく「そんな会社、うまくいくわけがない。絶対にやめとけ！」と言ったと思う。

だが、人間は自分のことになるとそんなに論理的には考えられない。冷静な判断より、感情に突き動かされることもある。

迷わず行けよ　行けばわかるさ！

アントニオ猪木がしばしば使う一休宗純の言葉が、当時の僕の気持ちをうまく言い表していると思う。

僕はずっと同じ場所に留まるより、経験のないことにチャレンジできる場所に行きたい。平坦な道を楽々歩むより、険しい道を選んで苦労しながら登りつめていきたい。それが自分の望んでいる生き方なのだと、心の底から思った。

出産間近の妻に話す時はさすがに躊躇(ちゅうちょ)したが、「僕が辞めたら、ロコンドは100%倒産する。でも、もし僕が残れば倒産の確率は80%ぐらいになるかもしれない。だから、ロコンドに残ろうと思う」と伝えた。

妻はため息をついた後、「そう言いだす気もしていた。自分のやりたいようにやればいいんじゃない」と意外にもあっさり許してくれた。

こうして、僕は正式にロコンドの経営に加わることになったのだ。

社長としての初仕事はリストラ

2011年4月、僕は正式にロコンドの共同創業者兼代表取締役に就任した。

この時点での僕の担当は、離脱したドイツ人の財務・オペレーションを引き継ぎつつ更に、これから修羅場になるであろう「人事」も担当することにした。他の二人の代表者たちと役割分担して、ロコンドの立て直しを進めることになった。

今思い出しても、この頃の僕はとにかく必死だった。追加投資の5億円だけでは、半年もすれば資金が枯渇する。急いで組織を縮小し、コストカットを進めなければ、ロコンドに未来はない。

既に契約されていたオフィス拡張契約をキャンセルする。賃料の安い場所を探し、オフィスを移転して費用を削減する。倉庫作業の外注をやめ、社内社員だけで回す。買い取った商品のキャンセルや返品交渉を進める。これらの広い意味でのリストラを、同時並行で一気に進めていった。「どれから手掛けるか?」などと、考える余裕すらない、全部が最優先で、大至急だった。

人件費の削減も、大きな課題だ。上海のバーガーキングで資金繰り表を見せられた時、その人件費の金額に驚いた。何しろまだ売上もほとんどないにもかかわらず、毎月の人件費が6000万円を超えていたのだ。こんなに人件費をかけるなんてあり得ないだろ……と、心の中で呆れていた。

当然だが、人員の整理ほど気が重い仕事はない。何しろ、人のクビを切るのだ。

倒産処理が決まった時点で、ロコンドでは派遣社員やインターンを含め200人近い社員が働いていた。設立から半年程度で社員が200人。単純計算すると、土日祝日を含めて毎日一人以上ずつ社員が増えていたことになる。これは、普通に考えると異常な増加率だろう。

さて、社員を何人まで減らせばいいか？

ある人からは、「今の状況だと、一度、10人ぐらいまで減らした方がいい。まずは黒字化の目途を付けられる水準まで縮小し、そこから復活を目指せばいい」とアドバイスされた。確かに売上がほとんどないのだから、それは正しい考えだろう。

もしロコンドが単なるプラットフォーム事業だけの企業だったら、10人は厳しいかもしれないが、20～30人もいれば十分にサービスを維持して再生を図れただろう。スマホゲームをつくる会社なら、もっと少なくてもいいぐらいだ。

しかし、ロコンドには商品出荷などの倉庫業務があり、お客さまからの問い合わせを受けるコンシェルジュも必要である。お客さまに最高のサービスを提供するためには、苦しくてもある程度の人数を維持しなくてはならない。

迷った末に、僕は社員を60人程度にすることにした。これぐらいの人数がいれば、全てのリストラが落ち着いた時に、ロコンド復活ののろしを上げられるだろうと考えたのである。

辞めてもらう人員は、給料を見て決めていった。採用した代表取締役陣の好みだったのか、当時はマネージャークラスにやたらとＭＢＡホルダーが揃っていた。しかも彼らは皆、かなり高額の給料を受け取っている。

　普通に考えれば、給料の高い人材ほど優秀で、会社に必要な人材だろう。

だが、僕は給料の高い人からリストラの対象にしていった。なぜなら、年収300万円の人に二人辞めてもらうより、800万円の人に一人辞めてもらった方が費用削減の効果は大きいからである。更にそれだけの給料をもらえる優秀な人材ならば、震災直後でも再就職先できる可能性は高いはずだからだ。

　そして、いよいよ社員たちに通達することにした。

　当たり前だが、「辞めてほしい」という話に、素直に「わかりました」という人はいない。僕に浴びせる言葉は、恨みつらみばかり。

「今までこんなに頑張ってきたのに！」と怒り出す人もいれば、「何で私が……」と泣き出す人もいた。黙って席を立つ人もいた。僕個人に対する罵詈雑言（ばりぞうごん）もあった。

　今から思うと、辞めてもらう社員たちと、もっとコミュニケーションを取るべきだったと反省している。多分、当時辞めてもらった社員の中には、いまだに僕のことを恨んでいる人もいるのではないだろうか。あの頃の僕は経営者としてまだまだ未熟で、丁寧に対応する余裕がなかった。

　正直言うと、「俺が採用したわけじゃないのに、何で責められなきゃいけないんだ」という気持ちもどこかにあった。だから社員に通達する時、言葉では「申し訳ないけど……」と言いながら、どこか気持ちがこもっていなかったのだろう。会社の事情を包み隠さず話し、メンタル面もケアしながら進められたら、あんなに恨みつらみを聞かされることもなかったのではないかと思う。

実は、他の代表者たちにも共にリストラ宣告はやってもらった。人事担当でないといえども、彼らは実際に採用をした当事者。当たり前だろう。

ところがそのうちの一人はあまりにも進め方がまずく、クビを切られた社員は激昂し、労働基準監督署や裁判所に駆け込んでしまったのだ。仕方なく途中から僕が全て一人で対応することにした。

人員整理が始まってからの社内の雰囲気は、当たり前だけど最悪だった。

マネージャークラスのクビを切ったので、その部下は「これからどうすればいいの?」と困惑していた。昨日まで一緒に働いていた仲間が去っていくのを見て、「次は自分かもしれない」と戦々恐々としていた社員もいただろう。

僕は、社内ですっかり嫌われ者になった。これが、僕の経営者人生のスタートである。

トラックに倉庫を囲まれる

リストラを進める中で、残る代表者の二人のうち一人もついに辞めていった。

彼は優秀なビジネスマンだった。しかし当時の彼は経営者としては優しすぎたのだ。だから、社員たちを次々辞めさせ、取引先とも返品交渉をするなど、精神的にも肉体的にもハードな日々に耐えられなかったのだろう。

しかし、それでは会社は経営できない。ロコンドは守れないのだ。

共同代表者に就任したとはいえ、当時の僕は経営者としてはまだまだ駆け出し。そこで、以前からの知り合いであった、とあるベンチャーキャピタル日本法人の社長に相談に行った。

ロコンドの状況を聞いた彼のアドバイスはとても簡潔で、「まずは支払いを全部、完全に止めなさい」の一言だった。

取引先への支払いを、止めてしまう？　そんなことをしたら、怒られるだろう。債務不履行で訴えられるかもしれない。

彼は言葉を続けた。

「田中さん、ビジネスではキャッシュ・イズ・キングだよ。お金がなければ、全てが終わり。だから、追加投資の5億円はとりあえず手元に置いといて、取引先には不義理になるけれど、支払いはいったん全て保留にするんだ。その上で交渉して、債務を整理する。そうやって、まずは財務状態を立て直しなさい。もし追加投資の5億円で全ての債務を期日どおりにちゃんと支払ったら、あなたの会社は来月にもなくなるよ」

そのアドバイスを聞いて、僕は腹をくくった。彼の言うとおり、資金がなくなれば会社は潰れる。約束を破るのは心苦しいが、やるしかない。そこで、4月下旬頃に、取引先には「こういう事情だから、支払いを保留させてほしい」という連絡を順次入れていった。

当たり前だが、取引先は「そんなことはできない」と拒否する。支払いを止めてからは、取引先から矢のような催促の電話が来るようになった。

「お金を振り込んでもらえないと、こちらも困るんですよ。一部でもいいから今月中に払ってください」と懇願されたり、「契約不履行で訴えますよ」と脅かされたり。僕は平謝りで、「もう少し待ってください。必ずお支払いしますから」と何回もお願いするしかなかった。

この頃は毎日、神経をすりへらして、楽天的な僕もさすがにヘトヘトになっていた。

倉庫も大変なことになっていた。

取引先としては代金を回収できないのなら、納品した商品を回収するしかない。万一ロコンドが正式に破産などしたら、それすら難しくなる。そんなことになったら、取引先としても死活問題。彼らも必死だ。

その結果、倉庫は取り立てと商品引き上げのトラックで連日包囲されるという悪夢のような事態に陥った。ここでも「代金を支払ってほしい」「支払えないなら、商品を返してください」と責め立てられる。そんな中でも出荷作業は続いていたわけだから、集荷に来ていた宅配便のドライバーは、「一体、何事だ？」と驚いていたことだろう。

支払いを止めたことで、何件も差し押さえの訴訟も起こされた。だが、当時のロコンドには弁護士費用を出すほどの余裕はない。5億円は商品の仕入れや事業の立て直しのために使わなければならないのだ。

仕方ないので、僕が裁判所に出向いて訴訟に対応した。必要な手続きなどを裁判所で教えてもらい、自分で、裁判のノウハウを学ぶしかなかった。

ただでさえ人員削減で社員たちから白い目で見られているのに、取引先からも責められ、「こういうのを四面楚歌っていうんだな……」なんてぼんやり考えたりもした。

こんな日々が、数カ月続いただろうか。子供が生まれたばかりだというのに、家に帰る暇もない。土日も働き詰めで、時にはオフィスにも泊まりながら立て直しを進めていった。妻は幼い子供を抱えて、かなり心細い思いをしていたのではないかと思う。

この頃に強く感じたことが二つある。

一つは、できることとできないことの境界線を、自分の目の前で引かないこと。

その頃、僕は差し押さえの裁判に対応するには弁護士か、少なくとも法律関係の資格を持っている人がいないといけないと思っていた。だが、実際に裁判所に行って話を聞いてみると、自分でもできるということがわかった。だからどうしても必要な時は専門家に頼ったが、あとは自分で裁判を続けていった。

本当は、何事も一度やってみなければ無理かどうかはわからない。自分の限界を決めているのは自分であり、世の中ではないのだ。

そしてもう一つは、真面目に頑張っていれば、いつでも応援してくれる人はいるということ。

倉庫に商品を引き上げに来た取引先の中には、「頑張れよ!」「またいつか、会社を立て直せたら一緒にやりましょう」と、励ましの言葉をかけてくださる方もいた。その気持ちが嬉しくて、思わず涙ぐんでしまったぐらいである。

世の中は捨てたもんじゃないな、とその頃はつくづく実感した。

とはいえ、やることは満載で、前途多難。それでも、ロコンド再生を信じて走り続けるしかなかった。

ところで当時、社員のリストラや倉庫の取り立て以上にキツかったことが一つある。それは人材派遣会社の支払い交渉だ。

当時、ロコンドは支払い不能状態に陥っていたため、全ての会社と支払い延期、または減額交渉をせざるを得なかった。これ自体はそれほど、タフではない。しかしその会社は、10年来の友人に依頼し、その人材派遣会社に勤める妹さんを紹介してもらい、たくさんの派遣社員さんを紹介してもらったのだ。

にもかかわらず、取引開始2カ月後に「支払えません……」という僕からの通告。僕は友人の信頼を裏切る結果になってしまったのだ。

「ビジネスには友人を巻き込むべきではない。どうしても巻き込まざるを得ない場合、『いつか、友人関係を壊すことになるかもしれない』という覚悟をもって巻き込まねばならない」

そんなことも身をもって学んだ。

二度目の破産通告とマネジメント・バイ・アウト

２０１１年7月、ロケット・インターネットから2回目の倒産通告を受けた。

毎月、1億円以上の赤字の止血作業は急ピッチで進め、毎月の赤字額は５０００万円程度には縮小できたものの、まだまだ資金を必要としている時期だった。それなのに「これ以上の追加投資はしない」という通達だった。彼らは、ついにロコンドを完全に見限ることにしたのだ。

それでも彼らがそのような判断をした理由はよくわかった。だからなのか、僕は冷静に受け止めた。

確かに、費用および赤字の圧縮は進んだ。だが、売上はようやく月1億円に行くか行かないかの水準。それ以上発展する兆しは、まったく見えていなかったのだ。

情けない話だが、その頃のロコンドは夏だというのに一番の売れ筋のサンダルすら取り扱っていなかった。

なぜ、季節商品なのに、サンダルが商品ラインナップに入っていなかったか？

それは、サンダルを新たに仕入れるお金がなかったからだ。仕方なく、パンプスをメインに出さざるをえない状態だったのである。

これでは、業績が好転するはずもない。いくら支出が減っても、売上が増加しなければ会社は成長しないのだから、「投資する価値がない」と言われても仕方がないのだ。

倒産通告を受けた時、僕は内心で「やっぱりダメだったか……」と思った。再生計画は思い通りに進まないことが多く、ビジネスは本当に難しいと痛感させられていた。

ただ救いだったのは、1回目の倒産通告の時と違い、翌月すぐに手元資金がなくなるというほど追い詰められた状況ではなかったということ。取引先などへの支払いを猶予してもらい、コストカットも引き続き進めて頑張ってやりくりすれば、ギリギリあと3カ月ぐらいは踏みとどまれるぐらいの余裕はあった。

まだ踏みとどまれる、まだチャンスはあるはずだ。僕は諦める気になれなかった。

それから新たな出資者探しに奔走した。事業を継続するには、まずどこかからまとまった資金を調達する必要がある。ベンチャー企業への投資を専門としている国内のベンチャーキャピタルに次々コンタクトを取り、支援をお願いして回った。

しかし、出資に応じてくれるところは、なかなか見つからない。簡単に出資してもらえるのなら、そもそもロケット・インターネットは見限っていないだろう。

また、その時点で月々の支払いも圧縮できていたものの、まだまったく支払えず、期日を先延ばししてもらっているだけの案件もたくさんあった。

「こんな会社に出資してくれるところなんて、あるのかな……」と、弱気な気持ちになることもあった。

それでも、世の中は捨てる神あれば、拾う神あり。ついにコンタクトをした一つであるリード・キャピタル・マネージメント（以下「ＬＣＭ」）から、前向きな返事をもらえたのだ。

彼らがロコンドに興味を持ってくれた一番の理由は、やはりビジネスモデルに魅力を感じたからだと思う。気になる商品を全て取り寄せて、必要のない商品は返品できるという「買ってから選ぶ」というビジネスモデルは、アメリカやドイツなどでうまくいったように、いずれ日本でも成功すると読んだのだろう。あとはそれをアマゾン、楽天、ＺＯＺＯＴＯＷＮなど、どこが最初に日本で根付かせるかの問題なのである。

インターネットビジネス、その中でも、特にＥＣサイトは、その市場において最初にサービスを根付かせた事業者がシェアのほとんどを握ってしまう。大事なことは成功しそうなビジネスモデルを、どこよりも早く立ち上げ、形にしていくこと。それができれば、ロコンドにも勝ち目はある。彼らはそう考えたのだろう。

ベンチャーキャピタルは、どちらかと言えばハイリスク・ハイリターンのホームラン狙いだ。もちろん、そうじゃない堅実なベンチャーキャピタルも中にはあるが、元来、ベンチャーキャピタルとはホームラン狙いである。

多少リスクはあっても、大化けする可能性がある企業に投資する。ロコンドもまだ利益はまったく出ておらず、更に、垂直立ち上げ計画の負の財産として大きな赤字を出し続けていたものの、この4カ月でコストを圧縮してきたことや、面談などで経営者としての能力をある程度評価していただけたのか、前向きに検討していただけたようだ。何回かのやりとりを経て、ついに投資を引き受けてもらえることになった。もしここで出資を決めてくれなかったら、今のロコンドはおそらくない。

ＬＣＭの代表、谷本さんとパートナーの鈴木さんにはこの後も色々な場面で助けてもらった。資金だけでなく経営のあらゆる面において支援をしてもらった。時には意見が衝突し、僕も感情を露(あらわ)にすることもあったが、それでも粘り強く支え続けてもらった。

特に鈴木さんは、僕にとっては「同志」だ。彼とは年齢が近いこともあったし、何度も衝突した。「ベンチャーキャピタルだからって偉そうにしやがって！」と、口をききたくない時もあった。

しかしそれでも経営者と投資家として密な日々を過ごしていくうちに、鈴木さんとは共に人間として切磋琢磨させてもらった気がする。お互いに間違ったことは認め、自分の弱さも認めつつ、素直に勉強し合い、成長し合った。彼がいなければ今のロコンドも、そして今の僕もいなかったと思う。

さて、新たな出資者探しと並行して、ロケット・インターネットとは事業承継に向けての交渉を行っていた。会社を維持し、サービスを継続するためには、何らかの形で彼らが保有するロコンドの株式を譲り受けなくてはならない。

だが、彼らも海千山千の投資家である。簡単に「僕らは手を引くから、格安で株式を譲ろう」などと言うはずもない。

しかも厄介なことに、彼らが最初に投資した10億円は会社設立時に出資金として株式になっていたが、追加投資の5億円はロケット・インターネットからロコンドへの貸付金となっていた。つまり、10億円分の株式を1円で引き取れたとしても、5億円の借金はそのまま残ってしまうのだ。これでは、会社を引き継いでも再生の足かせになってしまう。

世界中に投資案件を持つ彼らとの交渉は、さながらチキンレースだった。

ロケット・インターネットとしては、少しでも投資額を回収したい。だからできるだけ高値で株式を売りたいし、貸付金の5億円も簡単には諦められない。

僕らとしては、いくらロコンドのビジネスに魅力を感じているとはいえ、借金だらけで利益も出ていない会社の株式を高値で買うようなマネはできない。安く買い取ることができれば、それだけ今後の事業再生のリスクを下げられる。互いに条件を譲れなかった。

彼らが「この金額なら譲る」と言えば、それに対して僕らが「そんな金額なら、いらない。だったら倒産させてしまおう」と応じていた。

もし倒産処理すれば、彼らの投資はそれこそ水の泡になる。1円も回収できなくなるのは避けたいので、彼らは条件を下げてくる。少しずつこちらが有利になるように、交渉を進めていた。

同時に、僕らは交渉が長引くと手元資金が尽きて、ロコンドが本当に倒産してしまうという危険を背負っていた。出資を決めてくれたベンチャーキャピタルも、自分たちで株式を握れなければ出資には応じてくれない。交渉のリミットまで時間はあまりないことは、ロケット・インターネットもお見通しだった。その間、条件をめぐるギリギリの心理戦を繰り広げた。

お互いに粘った末に、最終的には次のような形で決着した。

①まず、借金という形になっていた追加投資5億円の処理。ここで使ったのが、債務（＝デット）と株式（＝エクイティ）を交換（＝スワップ）する「デット・エクイティ・スワップ」という手法。これによりロコンドは5億円の借り入れ債務をお金で返さない代わりに、その分の自社株式をロケット・インターネットに渡した。

②次に、ロケット・インターネットから株の買い取り。もともとロケット・インターネットが保有していた株と①で新たに発生した株の全てを、僕ともう一人の代表者でＭＢＯ（経営者による企業買収）の形で買い取り。

③最後に、新規株式を発行し、新しい出資者への株式の譲渡。第三者割当増資を実行し、資金調達が完了。

これらの過程で億単位のお金が動き、会社の所有者がガラッと変わるという一大事が起きているのだが、かかった日数は数日間。3カ月弱続いた神経をすり減らす攻防戦は、案外あっけなく終わりを迎えた。

こうして2011年9月、ロコンドは独立企業として生まれ変わった。

更に、全ての話がまとまるまでに、ＬＣＭが伊藤忠テクノロジーベンチャーズと他2社のベンチャーキャピタルを連れてきてくれたおかげで、8億円を超える資金を集めることに成功したのである。まだまだ苦しいが、それでも1年間は資金の心配はなくなった。

この一件は、僕個人にとっても大きな区切りの出来事になった。もちろん大きな割合ではないものの、ロコンドの株主になったのだ。

MBO自体はもともと計画していたものではなかったものの、株式をまったく保有しない「雇われ社長」に出資するベンチャーキャピタルは1社もなかった。そのため、このMBOは資金を得るためには欠かせないプロセスだった。

これで僕はロコンドを本当の意味で「自分の会社」と言えるようになった。子会社の「雇われ社長」の立場から、ついに独立企業の創業社長としての一歩を踏み始めたのだ。

共同代表体制の崩壊

債務整理やコスト削減など、課題はまだまだ残っていたが、新たな出資者を得てから少しは落ち着いて仕事ができるようになってきた。やや強引に進めたところもあったが、11月にはやっと家賃が高い恵比寿の高層ビルを出て、賃料の安いオフィスへと移転できた。

時間的な余裕が生まれて、プライベートでは、生後半年を過ぎて日々成長していく我が子と過ごす時間を少しずつ取れるようになっていた。

「後は売上が上向けば、立て直せるな」と淡い期待を持っていた僕に、神は再び、試練を与えた。今でも社内の一部で語りつがれる、「L3事件」の勃発である。

そしてこれが契機になって、ついには、4人目の代表者取締役兼共同創業者として参画した僕だけがロコンドに残ることになった。

この事件は単なるトラブルだけでなく、さまざまな人間関係のもつれも引き起こした。直接的には書きにくいこともある。ロコンドに限らずベンチャー創業物語にはどうしても人間関係のもつれは生じる。その話なく、綺麗な物語でまとめるのは真実とは異なる話になってしまう。

従って、ここではあくまで主観を取り除き、事実だけを書くこととする。

「L3事件」の「L3」とは、ロコンドで使っている在庫や受注の管理システムのことである。ロコンドの頭文字の「L」にバージョンの数字を合わせて、こう呼ばれていた。今は大幅に刷新し、「L4」に更新している。

創業当初に稼働した「L1」は、比較的小規模なECサイトを想定して社内で開発されたシステムだった。そのため、商品数やサービスが増えていくうち、だんだんと限界が出てきた。そこで「L2」を開発することになったのだが、これが途中で頓挫する。倒産危機の時、エンジニアがほとんど辞めてしまったからだ。

そんなわけで、L3は外部のシステム開発会社に頼んでつくることになった。L3開発プロジェクトの責任者は、当時、唯一残っていたもう一人の共同代表者。彼は理系出身で、少なくとも当時の僕よりはシステムやプログラムに明るかった。

当時は彼がマーケティングとIT部門を管掌していて、僕がオペレーションと財務、人事管掌。商品部門は共同管掌としていた。その意味でもIT部門は彼の管掌部門だし、彼の「任せておけ」という言葉を信じ、任せることにした。

L3の目標稼働開始時期は2012年4月。この頃、ちょうどそれまで使っていた賃料の高い倉庫を引き払い、家賃が手頃な倉庫へと移転し、庫内業務の内製化も開始することになっていた。開発着手をしたのは2011年の12月。正味、4カ月のプロジェクトだ。その期間で詳細な要件を定義し、検証まで含めて4カ月で終えなければならない。

決して十分な期間ではなかったものの、「既存のパッケージは既に稼働していて、そこにカスタマイズを加える形だから、順調に行けば3月にリリースできる」という彼の言葉を信じた。そこからは各部門のメンバーを募る形で「L3横断プロジェクト」を発足し、彼を座長とする形でスタートした。僕は彼から仕様に関して相談された場合に「こうじゃない?」と答える程度しか関与していなかった。

そしていよいよ、L3稼働の日。システムを更新し直してすぐお客さまから1000件近く注文をいただいた。「おぉ、システムを替えるだけでこんなに売上変わるのか!?」IT素人だった僕は単純に驚いた。

しかし、滑り出しは好調! とはいかなかった。むしろ、大事故だった。

なんと、1000件の注文のうち、半分以上の商品が倉庫に実在しなかったのである。L3は在庫データをサイト上の受注可能状況に正しく反映しておらず、本来は売り切れのはずの商品の注文を大量に受けてしまっていたのだ。要は、架空の在庫を売ってしまったわけである。

在庫データがちゃんと反映されるかは、動作検証をすれば簡単にわかったはずだ。このシステムはロコンドの根幹を担うものなのだから、慎重にも慎重を期して更新を進めなくてはいけないはずだ。それなのに、それがまったくできていなかった。どうやら彼だけでなく、システム開発会社のプロジェクトマネージャーも、事前に綿密な動作検証をせず、いきなり正式稼働をしてしまったようなのだ。

更に、悪いことは重なる。

更新前のシステムが稼働していた頃、社員たちはシステムでは仕様上、処理できないようなさまざまなデータを、別の場所で蓄積していた。システムには載っていなくても、それらは大切なデータだった。

ところが、L3にシステムが更新された時に、それらのデータが全て削除されてしまったのである。社内は混乱し、「何が起きたの?」「何てことしてくれるんだ!」と大騒ぎになった。

それからは社員も僕も、連日オフィスに泊まり込んで対応に追われることになった。倉庫に在庫がなければ、発送などできるはずもない。メーカーにお願いしても、製造終了などで仕入れられない商品もある。コンシェルジュ達は何百人ものお客さまに発送の遅延や商品が用意できないことを電話で伝え、お詫びする。当然、お客さまからは「せっかく楽しみにしていたのに!」「注文受けといて、どういうことですか」というお叱りをいただく。クレームの電話もジャンジャンかかってくるので、僕も含めて手の空いた社員がとにかく電話を取って対応した。

急場しのぎで、在庫のない商品を近くの靴屋に探しに行ったり、他のECサイトで探して購入したりもした。定価で買って定価で売るのだから、儲けはゼロどころか完全にマイナス。せめて「在庫がありません」とお詫びするよりは、「少し遅れますが、お届けします」とお詫びする方がマシだと考えたからである。

Ｌ３への更新は、完全に失敗だった。

社内の基幹システムの変更は、さまざまな部署に影響を及ぼすもの。現場で働く社員の話を聞き、各部署の業務フローなどもチェックして、社内全体と調整しながら開発しなくてはならないものだ。それなのに、彼はそれができていなかった。もちろん僕も「共同代表者」な訳だから、僕も彼に任せきりにせず、もっとシステム開発を理解し、もっとフォローすべきだったと反省した。

Ｌ３事件が起きて数日後、僕は彼と株主であるベンチャーキャピタルに提案し、彼と僕は少なくとも給与をカットすべきではないか、と提案した。しかし、彼と僕が同じ割合でカットをするのは責任の所在が不明確になる、というベンチャーキャピタル側からの返事を受け、彼は給与の20％、僕は給与の10％をカットする形で一つの示しをつけた。

しかし、Ｌ３事件はまだ終わらなかった。

彼が社員に対し、その後も継続的にどうしてそうなったのかを詳細に説明し、心から謝罪をし続けたなら、社員たちは最終的には彼を許したと思うのだ。

ところが彼は、L3事件後、事件の収束に向けて、社員や僕が徹夜で働いていても「会食の予定がある」と言って帰宅はいつも早かった。

「さすがに、それはないだろう」と思って僕が意見しても、彼は僕の意見を聞くことはなかった。しかも、その会食はロコンドの事業拡大につながるとは思えない会食ばかり。時には「おみや（土産）代」まで経費精算していたので、今度は「せめて節約しよう。まだウチは赤字なんだし……」と主張しても聞き入れられず。

それでも何とか彼に軌道修正してほしかった僕は「とりあえず、もう一度、部門別に全社員と話をしよう。L3事件が起きたのはもうしょうがない。今後、どうやっていくか、社員の意見に耳を傾けよう」そう言って、社員と密にコミュニケーションをする場をつくった。

しかしそんな時も彼は社員たちの前で悪びれる様子はなかった。給与をカットしたからなのか、彼としては「もう禊（みそぎ）は終わっている」と思っているようだった。

今でも覚えている彼の言葉がある。それは「心臓移植」という言葉だ。

彼は商品部門のバイヤーと話をする時も、物流部門のシステム担当と話をする時も、幾度ともなくL3開発プロジェクトを「心臓移植」にたとえた。そして「心臓移植である以上、すぐに動けないのは当たり前で、しばらくはしびれや痛みも出る」という持論をぶちまけた。これには社員たちだけでなく僕も憤慨した。

そしてそれは短絡的な憤慨だけでは収まらず、リストラは1年前にやっと完了したにもかかわらず、社員がどんどん辞めていく事態に陥った。彼の管掌部門であるマーケティングとIT部門には、20名以上いたものの、9割近くが辞める事態となった。

僕はいよいよ崖っぷちに立たされた。

当時、彼と僕は互いに、共同代表者という立場だった。要は、僕は彼に意見できるものの指示はできない。意見を戦わせつつも、最後は共にリスペクトし、相手の判断を尊重する。これがあるべき共同代表という体制だが、ロコンドに関しては元来、ロケット・インターネットの寄せ集めだったため、その体制がちゃんと機能していなかった。

そこで、まずは株主であるベンチャーキャピタルのLCMに相談に行った。目的はただ一つ、こればかりは僕一人では解決できない経営課題だったため、第三者に「大岡裁き」をしてもらうのが最適だと考えた。結果、彼だけでなく僕も辞任することになっても仕方ない。

現状の説明をし、現場も見てもらい、彼や僕のいない場で、社員全員の意見を聞いてもらった。「ロコンド・ファミリー・インタビュー」、ソフトな名称だったものの、目的は「今後の経営体制を考える」、非常に重たいものだった。

社員や社外の意見が常に正しいとは限らない。時には経営者がトップダウンで推し進める判断が正しいこともある。しかし当時は、共同代表体制がうまくいっていなかったのは明らかだった。僕と共同代表者の彼との話し合いで最善策が見つかるとは思えなかった。それよりも多くのベンチャー経営を見ている社外のベンチャーキャピタリストが全社員の意見を聞いて、判断を下してもらうのが最もガバナンスとして最善だと考えた。

そして数週間のファミリー・インタビューの結果、彼はロコンドから去ることになった。ベンチャーキャピタルも彼に「去れ」と言った訳ではない。共同代表体制は残しつつ、お互いの管掌範囲を変えるべき、というのがベンチャーキャピタルの下した結論だった。しかし、彼はそれを良しとせず、会社を去る道を選んだのである。

社員からも社外からもよく聞かれる質問がある。「なぜ、もっと早く、彼とたもとを分かつ判断をしなかったのですか？」という質問だ。

もちろん、そこには複雑な背景がある。彼がロコンドに参画したのは僕よりも前ということもあるし、建前上は共同体制だったこともある。

またもしかしたら、時間が経てば分かち合えるかもしれない、という期待もあった。1年前、「共同代表同士、社員のためにも距離を縮めないと！」と彼のフェイスブックに送った友だち申請は結局、承認されることはなかったが、どこかで淡い期待を持っていた。更に、当時の彼は経営者としては不適任だったかもしれないが、優秀なビジネスマンであることは間違いなかった。特に、お金にかかわる交渉事はうまかったと今でも記憶している。

しかし何よりも大きかったと思うのは「僕自身の、ロコンドの代表者としての自覚の欠如」だったと思う。ロコンドの代表者として本当の自覚をもち、そして真剣に経営に取り組んでいたならば、僕はもっと早く、もっと真剣に彼と話をしていたと思うし、そもそもL3事件自体、起きることもなかったと思う。「まぁ、共同代表体制な訳だし、僕は、僕の管掌範囲に集中しよう」という、経営者というよりはサラリーマンのような思考こそが、さまざまなアクションを遅らせたのだろう。

こうして創業2年目にしてロコンドの共同経営体制は終わった。そしてロコンドのかじ取りは、僕が一人でやっていくことになった。

このタイミングで、社名も「株式会社ジェイド」から、「株式会社ロコンド」に変更した。独立した企業として、いつまでもロケット・インターネットが付けた社名を引きずっているのはよくないと思ったからだ。ジェイド（Jade）という社名の由来は「Japan And

Deutschland Enterprise」。正にロケット・インターネットが命名した簡素な社名だった。
ここからが、新生ロコンドの始まりである。2012年6月のことだった。

今振り返ると、最初は腰掛け程度で考えていたロコンドに、僕は代表になってからすっかりのめり込んでいた。それは、経営者としての自覚が芽生えたのかもしれないし、東日本大震災を機に、考え方が変わったのかもしれない。当時は売上の5%を復興のための義援に充てるなど、ロコンド自体も売上は芳しくなかったのに、社会的な責任を果たそうとしていた。社会とのつながりを感じた時期でもあった。

経営者となれば社員たちの生活を守ることを考えなくてはならないし、お客さまを第一に考えなくてはならない。靴業界の現状を知るにつれ、低迷している靴業界を活性化したいという使命感のようなものも生まれた。

環境や立場が人を変えるとよく言われるように、僕もマイナスからのスタートで経営者になったことから、ロコンドとともに成長できたように思える。

冷えきっていた社内の空気

「ユウスケさん、朝、ちゃんと元気に挨拶してくださいよ」新生ロコンドがスタートした直後、ある社員からそう言われた。

その時、僕には返す言葉がなかった。一人でかじ取りするようになってしばらくして、僕は会社のビジョンやミッションをまとめた。全社説明会も開いて、社内で共有するようにした。リストラやコストカットも一段落し、ようやく経営は安定するきざしが見えてきた。ただ、社内の雰囲気は相変わらず最悪だった。それが「毎日、終電過ぎて、会社を存続させるため、精神的にもギリギリの仕事をしているから……」という言い訳に甘えて、朝は定時の10時に間に合わない僕に責任があるとは自覚していなかった。

社員たちは皆、ロコンドに明るい希望と大きな期待を持って入社してきた。ところがサービス開始早々に、倒産危機。そこから1年以上は、リストラやコスト削減の日々である。社員たちとしては、「こんなはずじゃなかったのに……」と思っていただろう。

だから、彼らの仕事に対するモチベーションは、とにかく低かった。辞めずに残ってくれた社員も、積極的に会社に残りたかったというより、「転職したばかりで、他には行きづらいから」という理由で働き続けた人も多かったのではないだろうか。

もちろん、「頑張って、会社を立て直したい」と思って積極的に動いてくれる社員もいた。だが、それはごく少数の話。ほとんどの社員は、本音として「こんな会社、やってられないよ」という気分だっただろう。

モチベーションが低ければ、日々の仕事に対して積極的になれない。「仕方ないから、言われたことだけやる」となるのが人情である。こうなると売上は伸びず、月商は1億円のまま少しも上向かなかった。

彼らを腐らせてしまった責任は、間違いなく僕にもある。

社員たちとしては、リストラをガンガン進める僕のことを怖がっていたし、嫌っていたと思う。だから、彼らが僕に積極的に話しかけてくるようなことは、まずなかった。何となく心の距離があり、情報共有や意思疎通はできていなかったのである。

僕も僕で、社員とのコミュニケーションにはそれほど気を配っていなかった。というか、何となく声を掛けづらかった。人員削減を進める上では、社員たちと距離を取っておいた方がやりやすいところがあったからである。出資者探しなど、経営者として早急に対処しないといけない事案も多かった。自然と仕事は個人プレーになることが多く、それが経営者の務めだと思っているところもあった。

しかし、今から考えると、当時の僕は、経営者として力量不足だったのだと思う。

正直言うと、リストラや資金繰りで頭を悩ませている頃、社員たちとコミュニケーションを取りたくないと思うこともあった。マッキンゼーではみな結果を出すために血眼になって仕事に取り組んでいたので、心のどこかで「みんなそれぐらい仕事に打ち込んでくれればいいのに」と思っていた節もある。

そんな時、全社集会で社員に言われたのが冒頭の言葉だったのである。みんなのモチベーションを下げてしまっていたのは、他でもない僕自身だったのだ。

どこかで「俺もまだ30ちょいの経営者半人前の人間なんだし、ちょっとはわかってくれよ」なんて気持ちもあった。それでも、「社員のモチベーションを下げているなら、社長として失格だよなあ」と、僕は痛感した。

そこで翌日の朝から定時に出社した僕は、片っ端から「おっはよー！」とテンション高く社員に声をかけて回ることにした。社員たちは皆、驚いた顔をしていた。僕は昔から人の助言は素直に受け入れて、即自分の行動を改めるタイプだと思う。

最初は僕の変わり身に戸惑っていた社員たちも、徐々に挨拶を返してくれるようになった。社内の雰囲気は少しずつ変わっていった。

ロコンドは、ようやく会社として一つにまとまり始めたのだ。原因は社員ではない。何よりも僕自身にあったのだ。

第3章

走り続けるうちに見えてくること

1年半で来る、突然のターニングポイント

今でも覚えている。2012年9月22日。まだ暑い、9月下旬なのに真夏日だった。僕は信じられない面持ちで食い入るようにロコンドの売上を見ていた。そこには、昨日まで夢にまで見ていた数字が並んでいたのだ。

一体、何が起きたのか。システムの障害か？　僕は動揺していた。

その日、ロコンドは有楽町の交通会館で「ファミリーセール」と銘打った、リアル販売会を開催していた。

ＥＣサイトであるロコンドが、期間限定とはいえ、なぜ、店頭で靴を販売していたのか。その理由は二つある。一つ目は、社員たちの結束力を高めるイベントとしての意味合い。当時は新生ロコンドになり、会社としてようやく一つにまとまり始めた頃である。その結束を更に強めるきっかけとして、みんなで一緒に何か大きなイベントを企画し、それをやり切る体験が一番いいと考えたからだ。

実はファミリーセールは初めてではなかった。２０１１年の谷底の時も「少しでも在庫を現金にできれば」という意図で開催したのだが、そこでは思いもよらない副産物を得る事ができた。若い社員も多いので、ある種のお祭りのようなファミリーセールは、チームを一丸にする効果があるのだ。

そしてもう一つの理由は、ＥＣサイトで売れない在庫の圧縮。まだまだ初年度に買い取ったものの売れ残った在庫は山のように残っていた。

ロコンドでは、大きく分けて「買い取り」と「委託販売（消化仕入）」の二つの方法で商品を仕入れている。

まず「買い取り」とは、メーカーに代金を支払って靴を仕入れ、それをお客さまに販売する手法。これは利幅が大きいというメリットがあるものの、万一、商品が売れなかった場合は仕入れ代金が全て損失になるというデメリットもある。在庫リスクの高い仕入れ方法と言っていいだろう。

一方で「委託販売」、業界用語で言えば「消化仕入」というのは、メーカーから商品を預かり、サイト上でお客さまに売れた分の代金だけを支払うという手法である。この方法は利幅が小さくなる反面、ロコンドは在庫リスクを負わずに済むというメリットがある。

現在のロコンドは、90％は委託販売で仕入れてリスクを抑えつつ、定番アイテムのプライベートブランドや利幅の大きいインポート商材はリスクを取って買い取りし、利益を最大化している。

だが、立ち上げ当初は「買い取りの方が利幅が大きい」という素人の考えのもと、ほぼ100％買い取りで仕入れていたため、倉庫に大量の売れ残り商品を抱えていた。この不良在庫を減らすため、多少価格を下げて店頭販売することにしたのだ。

僕は朝から街頭に出て、汗を流しながらビラを配って回り、お客さまの呼び込みをしていた。社員たちも靴の陳列に販売にと、慌ただしく動き回っている。そんな僕らの想いが通じたのか、会場は多くのお客さまでにぎわっていた。

「売上が想像以上に上がってきているので、ファミリーセールは他のメンバーに任せ、僕は倉庫の出荷を手伝いに行きます！」物流担当の社員が、チラシ配りに専念する僕に言ってきた。

それを言われて、僕はその日、初めてスマホでロコンドの売上を確認した。そしてその時、売上が今まで見たことがないぐらいに伸びていることに気付いたのだ。しかも、それはセール会場での売上ではなく、ロコンドのサイトでの売上だった。

「何が起きているんだ？」と僕は混乱し、そばにいる社員たちにも確認してもらった。皆、「えっ、どうしたんですか、これ？」と戸惑っていた。

その日の売上は、前週の50％増になっていた。その前の週の日商は600万円台。しかしその日の日商は1000万円を超える勢いだった。今でこそ日商1000万円は小さな数字だが、当時は驚きの数字だった。結局、予想外の急激な注文数の増加に対応するため、ファミリーセールの手伝いに来ていた社員の一部に、急いで倉庫の出荷作業に行ってもらった。

次の日も、その勢いは止まらなかった。僕も社員も、「これは本物だ！」とそれこそ手を取り合って喜んだ。

この日を境に、ロコンドの売上は急上昇し始めた。それまでは好調な月でも1・5億円に届くかどうかというぐらいだったのが、一気に3億円を超えるようになったのだ。その後もしばらくは、売上は高い伸び率をキープしたのだった。

この日の驚きと感動を、僕は一生忘れることはできないだろう。

なぜ急にこのタイミングで売上が伸びたのか。今でも取材でよく聞かれるが、実は、はっきりした理由は僕にもわからない。

あえて言えば、サマンサタバサの品揃えも豊富に揃って、有名ブランドの靴も増えた。また、経営体制を大きく変えて、社名もロコンドに変更し、僕も社長として社員の前で反省をして、1カ月が経ったばかりのタイミングでもあった。

しかしその日、売れたのは決してサマンサタバサや有名ブランドのシューズばかりではなかったし、社員の士気が上がったといえども、急な売上効果があるとは思えない。

今でも「これが原因だ」と、いわゆる戦略ストーリーとして何か一つ明確に語れるようなものは一つもない。

唯一、あるとすれば、長い間、泥んこの中を這いつくばって、それでも前と上を見て進んできた「継続性」だと思う。取材でこう答えるとあらゆる記者さんは欲しかった答えではなかったようで不満な顔をするものの、しかしこれしか考えられない。

サービスを継続し、認知度も少しずつ上がっていた。取り扱えるファッションブランドが少しずつ増え、品揃えが充実してきた。そして、リピーターのお客さまも増えてきた。更に、社員にまとまりが生まれ、僕にもちゃんと社長としての自覚も芽生え、それが前向きなサービスの改善につながり始めたんだと思う。そんなちょっとしたことの積み重ねが、新たな成長ステップへと押し上げたのだと考えている。

この時、ロコンドはサービスを開始して、ちょうど1年半。それまでの苦労や努力が実を結び、ついに大きく花開いた瞬間だった。

ベンチャー企業は、多くの人が半年や1年以内などの短期間で大成功することを夢見がちである。フェイスブックやLINEなど、立ち上げてから急速に成長した事例がメディアでもてはやされ、広く伝えられていることがその一因だろう。

確かに、世の中にはスタートアップして間もなく大きな成果をあげるベンチャー企業も存在する。

だが、実際はそんな企業ばかりではない。立ち上げてしばらくはそれほど目立った成果を上げなくても、後に大きく花開く企業も多いのだ。

例えば、マッキンゼーの先輩である南場さんのDeNAは2006年に「モバゲータウン」のサービスを開始してからの成長は早かったが、創業は1999年。大ヒットを生み出すまで、7年弱もかかっている。

個人の家を旅行者に貸す「民泊」で注目されたAirbnbも、マスコミに注目されるのは早かったが、収益面でビジネスとして成立するまでにはそれなりの時間が必要だった。その間、サイトに掲載する部屋の写真を見やすくする工夫をし、口コミで良し悪しが判断できるようにと地道に使い勝手を向上させる努力をしていたという。華々しくスタートしたベンチャー企業も、ある程度の下積み期間があって、ようやく結果を出せるものなのだ。

あるシリコンバレーの起業家が、「ベンチャー企業はスタートアップから1年半経って、ようやく成否が判断できるもの。そこで成果を出せた企業は成長し、成果が出なかった企業は撤退する方がいい」と言っていた。

僕はこの記事を読んで驚いた。ロコンドも花開くまでにかかった期間は「1年半」だった。それまで幾度となく諦めようとしたし、ビジネスモデルの転換も考えた。それでもさまざまな人に叱咤激励され、1年半、もがきながら続けてきた。

もちろん、1年半どころか、サービス開始後、1カ月で流行したサービスもある。しかし何事もスピードが求められ、次々に新しい成功企業を輩出しているシリコンバレーでさえ1年半はやりぬくものなのだ。どんな企業も、少なくとも1年半はもがいてみなければ大きな成功にはつながらないということだ。

なぜ、半年間でもなくて、1年でも2年でもなくて「1年半」なのか。その理由は、少なくともファッション業界で言えば、わからなくもない。

ファッションの場合、春夏シーズンと秋冬シーズンの大きく二つのシーズンにわかれる。例えば春夏に事業を始めたとして、最初のシーズンは準備で手一杯のはずだから、ちゃんと正式に勝負が始まるのは秋冬。そして一発目のシーズンはほとんどの企業は失敗する。

次はもっとうまくできるはず。秋冬でたくさん学びを得たし。そう思って新たなシーズンに取り組んでも、春夏と秋冬はまた勝負のポイントが変わってくる。秋冬で得た学びが活かせない。そういう意味で、本当の勝負は2年目の秋冬シーズン、そしてこれこそが「1

年半」なのだ。

どこの企業も最初は大体、苦労する。どんなに将来性を感じる起業アイデアでも、開始当初は荒削りなので思いがけない問題にぶつかり、思うようにユーザーに受け入れられなかったりする。

起業家はそこで試行錯誤し、努力しなくてはならない。失敗したこと、読みが外れたことを糧としてアイデアを磨き上げ、組織やサービスを洗練させていく。そうやって、ようやく商品やサービスを市場に根付かせることができるのだ。

最近はさまざまな起業塾が人気になり、若手起業家のスタートアップも増えている。今後の日本にとってとてもいいことだし、僕自身もやる気と希望にあふれる起業家に出てきてもらいたいと思っている。

ただ、もし起業を考えるのなら、少なくとも1年半は苦労する覚悟でいてほしい。その間は結果が出なくても、粘り続ける覚悟が必要だ。

先日、ある後輩起業家と話をしたが、彼は「株主が余計なことを言ってくる」「思い通りにいかなくてつらい」など、なかなか成果が出ないとこぼしていた。おそらく、起業を目指した多くの人が、こんな悩みや苦労を抱えているのではないかと思う。1年ぐらいであっという間に撤退してしまう起業家も大勢いる。

18カ月間、24時間を全て会社に捧げるぐらいの覚悟がないと、事業を軌道に乗せることなどできない。

逆に、18カ月やりぬく覚悟さえあれば、その企業は成功する確率が高くなる。起業を目指す人は騙されたと思って、18カ月間走り続けてほしい。

「ワオ」から「ほっこり」へ

アメリカ人が驚いたり感動したりした時に「WOW（ワオ）」というのは、テレビや映画ですっかりおなじみである。ザッポスは顧客が「ワオ！」と感動するような体験を提供するというコンセプトを掲げている。

当初、ロコンドもザッポスにならって「ワオ」というコンセプトを掲げて、お客さまに感動体験を提供することを目指していた。だから、「お客さまのために青梅まで商品を持って届けに行った」と報告する社員もいたぐらいだ。

だが、実を言うと僕はこの「ワオ」というコンセプトに、ずっと違和感があった。

「商品だけでなく、体験を提供する」という思想は、とてもユニークで魅力的だ。僕も、ロコンドが「ネット自動販売機」のような無機質なECサイトだったら、ここまで頑張ってこられなかっただろう。

ECサイトの多くは、「欲しいものをクリックすれば、すぐに商品が届く」というサービスを展開している。商店街で買うような人と人のつながりはあまり感じないし、ちょっと機械的なイメージがする。

一方、ロコンドが設立当初から大事にしていることは「体験」を提供すること。単に靴を販売するだけでなく、お客さまが「楽しく買い物ができた」「ここで買ってよかった」と思えるような体験を提供することを目指しているのだ。

だが、「ワオ」というコンセプトで語られるエピソードは刹那的で一過性であり、僕としてはしっくりきていなかった。お客さまは、1回目は「ワオ」と驚くかもしれないが、同じサービスを次に受けたら「ワオ」とは言わないだろう。毎回毎回、お客さまが「ワオ」と感動するサービスを提供することなど、できはしない。だから、「お客さまが本当に求めている体験は、もっと心にじわじわ染みてくるものではないか」と、僕は感じていた。

そんなわけで、新生ロコンドになった時にまず「ワオ」を見直すことにした。ザッポスからの借り物ではなく、自分たちが心から「こういうサービスを提供したい！」と言えるコンセプトにしたかったのだ。

サービス業で「体験を提供する」というと、すぐに「おもてなし」というフレーズが出てくるが、僕はこれもどうかな、と思った。ECサイトである以上、一流旅館の仲居さんのようにかいがいしくお世話をするには限界がある。かといって、「ワオ」や「ホスピタリティ」のような、英語のフレーズも違うと思った。

そこで出てきたのが、「ほっこり」というコンセプトだった。

「ほっこり」は「ほっとする」「あたたかい」というような意味である。ロコンドでは、「通販でも安心して買える」と「お客さまとのつながり」の二つの思いを込めて、「ほっこり」にした。

「ほっこり」をコンセプトにしてから、ロコンドのサービスは色々と見直しをしてきた。社員もそれまでは「ワオ」を求めて瞬間的なサプライズ感を演出することに意識はいっていたが、「ほっこり」に変えてからは安心感とお客さまとのつながりを大事にするようになった。

例えば、キャラクターのイラストを募集して、「ロコンニャ」という猫のキャラクターを採用した。今ではラインのスタンプにもなっている、ロコンドのサイト発の人気キャラである。お客さまに「すごい！」より、「今回もありがとう！」と言っていただける体験を提供することを目指したのだ。

多分、コンセプトが「ワオ」のままだったら、ファミリーセール以降の売上の伸びは一過性のもので終わってしまっただろうし、何度も訪れた倒産危機も乗り越えられなかったと思う。本当にしっくりとくるコンセプトになったから、大変な時でも「これを信じて頑張れば、きっと大丈夫だ」と思えたのだ。

ビジネスのコンセプトというものは、成功した誰かのマネをしてもうまくいくものではない。

そもそも、マネすることなどできないのだと思う。ザッポスの「ワオ」も、アメリカの文化や市場環境があったから成功したもの。まったく条件の異なる日本では、そのままでうまくいくというわけではなかったのだろう。

コンセプトは、商品やサービスを考える時の起点になる。それが借り物では、いつまでたっても本気で「これがやりたい」と思えるものは生み出せないだろう。自分たちで考え抜き、生み出したコンセプトだからこそ、吸引力が生まれるものなのだ。

なお、コンセプトは２０１６年の秋に更に変えた。「業界に革新を、お客さまに自由を」

を新たなコンセプトとして掲げた。

お客さまに安心して買っていただき、お客さまとつながっていたい。その気持ちは今でも変わっていない。しかし海外ブランドの売上割合が増加し、ウェブサイトもそれに合わせてデザインを変えてから、何となく「ほっこり」という言葉ではそぐわなくなった。

お客さまに最高のサービス、そして体験を提供するというモットーに変わりはない。コンセプトを変えながら進化していくのが、ロコンドウェイなのである。

綱渡りはまだまだ続く

どんな企業にも浮き沈みはあるが、ロコンドの場合、何度も浮上しかけてはまた沈む、を5年間も繰り返した。

2012年9月から始まった売上の伸びは、2013年、2014年も続いた。2013年5月からは洋服の取り扱いも始め、その成長を更に押し上げた。この間の売上成長率は、毎年2・5倍ぐらい。

売上が増えたことで、新たな取り組みや次の成長に向けた仕掛けづくりも色々とできるようになった。

例えば、2013年には「母の日出張コンシェルジュ」というサービスを実施して、メディアでも話題になった。これはイケメンコンシェルジュが母の日に靴とカーネーションを依頼者の母親に届けるという企画で、事前にコンシェルジュが靴のサイズや好みを母親に伺い、当日は靴を履いてもらってお気に入りの一足を選んでもらった。

こういったユニークなアイデアも次々に出るようになり、社員たちのモチベーションも上がっているのを実感した。僕と社員の間の距離も縮まって、新生ロコンドが始まった当初の社内の冷たい雰囲気は、完全に過去のものとなっていたのだ。

一見すると、全てがうまくまわっていたかのように思えるが、資金繰り面では相変わらずの自転車操業だった。

それもそのはず。売上こそ順調に伸びていたものの、この頃はまだ事業としては赤字状態。売上が増えても、手元資金は減り続ける一方だったのだ。

経営が苦しくなると、どうしても気持ちは後ろ向きになる。特に資金繰りが苦しくなると、「もっとコストカットを進めないと」と、守りの姿勢が強くなりやすい。

だが、守るだけでは企業は成長しない。創業時の無茶な資金計画で大赤字を出していた時期はコストカットが優先事項だったが、ここからは攻めの時期。苦しくても、前向きな投資が必要だ。

僕はこのビジネスを始めてから、「年間売上100億円を超えれば黒字にできる」と計算していた。当時の売上は高い成長率で伸びていたとはいえ、まだ100億円には遠く及ばない状態である。

だからこの頃は、1日でも早く年間売上100億円に到達することが至上命題だった。寝ても覚めてもとにかくそのことが頭を離れなかった。当時受けたインタビュー記事などを読み返すと、やたらと「年商100億円」と言っている。

ロコンドのようなECサイトの売上アップには、会員数と商品量の二つの増加、拡充がキーになる。お客さまの数が増えれば、売上が増える。サイトに並ぶ商品が増え、今までは気に入った靴を1足しか見つけられなかったお客さまに、2足目、3足目のお気に入りを提案できれば、一人あたりの購入量も増える。会員数と商品量の増加や拡充ができれば、乗数的に売上も伸びていくはずなのだ。

問題は資金である。新規の会員獲得をしようと思えば、広告宣伝費やキャンペーン費用などの多額の資金が必要になる。商品量を拡充するには、仕入れコストや倉庫スペースの拡張などの投資が不可欠なので、億単位のお金を調達しなくてはならない。

この頃、僕のタスクリストから「資金調達」の4文字が消えたことはない。思いつく限り、ベンチャーキャピタルから個人の大口投資家まで各方面に支援のお願いをして回った。でも、なかなかいい返事はもらえない。次々断られる日々が続き、「またか……」と、ちょっと気が滅入る時もある。出資を断られた回数で言えば数十件では済まないだろう。

それでも、攻めの姿勢だけは忘れないようにした。限られた手元資金で、できるだけの会員獲得や商品拡充の施策を打ち続けたのである。

一方で、どんどん資金繰りは苦しくなる。銀行口座の預金残高を見ながら、「あぁ、来月の支払いはまた止めないとダメかも……」と頭を抱えることもあった。実際、2013年4月、2014年6月、そして2015年4月には、またもやあわや倒産というところまで追い詰められた。そのたびに、あちこち駆けずり回って資金を調達して、首の皮一枚でつながったのだ。

起業家というとスマートなイメージを持つかもしれないが、実際はカッコ悪いことの連続である。頭を下げて「お金を出資してください」と頼むのは、なかなか骨の折れる仕事である。それでもやらなければ会社がつぶれて、社員は全員路頭に迷う。恥も外聞もなく、やるしかないのだ。

そのように、新生ロコンドが始まってからも3年ほどは、綱渡りだった。2015年にアルペンから10億円の投資をしてもらえるまでは、資金繰りは常に悩みの種だった。

だが、この頃の倒産危機は、創業当初の後ろ向きなものではない。積極的に新しいことに取り組んでいたからこその苦しみなのである。だから、創業から数えれば通算で5回も倒産の危機を経験したけれども、悲壮感はなかった。

そして、救いだったのは社内の雰囲気が明るかったことだ。

2014年頃から社員向けの福利厚生も徐々に増やし、独自の制度も設けた。その一つ、ディナー手当は新入社員の歓迎会や退職者の歓送会、もしくは同僚同士の飲みなどの一部を会社が負担するという制度だ。

僕も社内の飲み会には率先して参加して、みんなと一緒にバカ騒ぎすることもある。そういう時間は、資金繰りを忘れていられる、心休まるひと時だったのだ。

経営者は孤独だと言われるし、孤独を感じることもあったけれども、そんな時は僕は孤独ではないな、としみじみ実感していた。

ビジネスでも何でも、目の前のことが苦しくなると、つい守りに入ってしまう。

でも、そんな時こそ将来を見据えて、今の自分の立ち位置を確認するべきだと思う。そして、自分の成長につながる道、勝つための方向がどちらにあるのかを見極めるべきである。

攻撃は最大の防御なり。

苦しいからとガードを固めて守るばかりでは勝ち目はない。攻撃しないでつぶれるなら、やるだけやってつぶれる方がいいだろう。時には思い切って、強烈なパンチを繰り出し続けることが成長につながるのだ。

ロコンドでは「半年前」は大昔

ロコンドは以前、上蓋が2枚ある段ボール箱に靴を入れて配送していた。上の1枚には足型をプリントしてあり、切り離して試着用マットとして使える仕様にしていたのだ。

これは、お客さまに室内でも床が汚れるのを気にせず、安心して試着していただきたいという気持ちから生まれたアイデアだ。僕も、このアイデアを聞いた時は「うん、いいね」と思った。

でも、その箱はすぐに使うのを止めてしまった。考えてみれば、靴の試着は履くだけではなく、歩き回って良し悪しを判断するもの。試着用マットを付けても、お客さまはたいして使い道がなかったというわけだ。

この上蓋が二重構造の箱以外にも、チャレンジしたけど早々に止めたサービスはたくさんあるし、社内制度でもすぐに変更になったものがたくさんある。

以前は、年間で一番成果を出した社員を表彰する「社員MVP制度」を設けていた。「お客さま目線を持っているか？」「挑戦しているか？」「強い責任をもっているか？」「チームロコンドのカルチャーに貢献しているか？」の4項目を対象に、各項目のMVP社員を全社員の投票により決めるという取り組みで、年2回発表してみんなで盛り上がっていた。

しかし、どうしても表彰メンバーが偏るし、何だかロコンドには合っていない気がしたので、あっという間にやめてしまった。社内で目立つ一部の人だけでなくみんなの頑張りを応援したいので、成果を報酬に反映する方式に変えたのだ。

そのような調子なので、2、3年前どころか、半年前のロコンドを知っている人でも、現在のロコンドを見たら驚くだろう。事実、一度、ロコンドを辞めて、「やっぱり戻りたい」と半年後に戻ってきたメンバーは、システムもフローも制度もがらっと変わっていて、驚いていた。

ロコンドにとって、半年前は大昔である。僕はそれぐらいのスピードで経営を考えてきた。

ＥＣサイトに限らず、これからのビジネスにおいてはかつての成功パターンがほとんど通用しない。技術も事業環境がどんどんと変わっていくなかで、常に自分で新しい時代の正解を探し、勝ちパターンをつくらなくてはならないのだ。

そんな時代にすべきことは何か。

答えは簡単で、最低限の思考をした上で、まず行動してみるしかない。「走りながら考える」とよく言うが、とにかくまずは行動してから、その結果を分析したり検証したりするのだ。

常に新しい取り組みに挑戦し、それを素早くフィードバックし、場合によっては「すぐに止める」という決断をする。このぐらいのスピード感と決断力が重要だ。

僕は、毎週社内の全部の部署をヒアリングして回っている。本社だけでなく、倉庫にも毎週足を運び、物流に関して起きている問題や課題を確認する。それを他の部署の社員とも共有して、改善策を検討したり、新しいサービスのアイデアを出し合っている。

現場にしょっちゅう足を運ぶのは非効率のように感じるかもしれないが、それが一番スピードアップにつながるのだと、僕自身も途中で気付いたのだ。

例えば、倉庫で作業をしている社員から「サイトの商品説明に、こういう画像を追加するといいと思う」という提案が出たとしよう。こういう時、僕はその場でゴーかノーを出す。多くの企業でありがちな、「その画像をテスト的につくってみてから、デザイナーと一緒に検討しよう」とか、「効果をもう少し精査して、提案書をつくってきて」というような、無駄な分析や検討に時間をかけない。とりあえず、やってみるのだ。

その上で、1週間後や2週間後などに期限を区切って、効果を報告してもらう。そこで狙いどおりの効果が出ていれば、そのまま続行し、効果が出ていなければ更なる改善をするか、早々に止めてしまうのだ。

すぐにアイデアを採用して実行すると、たとえ失敗しても社員のモチベーションは上がり、またチャレンジする気になる。時間をかけて検討するとモチベーションが落ちてしまうので、誰もアイデアを出さなくなるだろう。人をやる気にさせるためにも、スピードは重要なのだ。

僕はいつも、「自分は、正しい朝令暮改ができているかな」と自分に問いかけるようにしている。

「朝令暮改」は、「決めたことを、すぐに変えてしまうこと」というマイナスの意味がある四字熟語だ。確かに、理由もなく言うことがコロコロと変わる上司は信用できないし、一度決めた事業方針がしょっちゅうひっくり返る会社で働くのは、たまったものではない。

だが、状況の変化に対応するための朝令暮改は、今のビジネスには必要だ。朝令暮改が奨励されるのは「環境が変わった時」か「新たな情報を入手し、判断材料が増えた時」のどちらかだ。もちろん、やってみてうまくいかなかった時もそれは「新たな情報」なので即、軌道修正をしなければならない。

先月まで行っていたマーケティング施策が今月もうまくいくとは限らないし、去年の人事制度が今年の組織にマッチするとは限らない。「これは効果が出ていない」「これは、今のうちには合っていない」と思えば、「先週決めたことだって変えるぞ」ぐらいの気持ちが必要だと思う。

サービスにしろ制度にしろ、一度始めたものはなかなか止められないということが多い。だが、今はそんなのんびりした経営をしていられる時代ではない。石橋を叩いて渡るのもいいが、走って渡りながら考えるぐらいでないと、世の中の流れについていけないのだ。

調査会社を蹴飛ばす

創業して4年が経った頃のことだ。

「ユウスケさん、またですよ」と、バイヤーが困った顔で相談してきた。

「またあの調査会社のレポートが原因で、先方の法務部門から『待った』がかかったみたいなんです」

それは、大手ブランドとの新規取引の話だった。何度も先方と会って話し合いを重ねて、ロコンドに出品していただけることになったのだ。

しかし突然、「やはり取引できないことになった」と、先方がバイヤーに連絡してきた。

どうやら、そのブランドの法務部門には銀行出身の人がいて、その人物がロコンドを調査したらしい。調査会社のレポートを読んで、「赤字の会社に出品したら、倒産した時に回収できなくなる」と契約を結ぶのを拒んだというのだ。

しかし、その時点では新しい資金調達の目途もつき、多くの大手ブランドとも取引していたのだ。

バイヤーがどう説明しても、先方は「今回は見送りたい」の一点張りだという。僕からも事情を説明したが、先方は「申し訳ない」と恐縮しつつも、契約はできないという決定を曲げなかった。

こういう悔しい思いをするのは、この時が初めてではない。今までも決まりかけていた契約が、調査会社のレポートが理由で取り消されたことが何回もあった。

その調査会社は、企業の信用調査を行っている有名な大手会社だ。財務情報のほか、経営者や会社の人間にもヒアリングをしてその企業の評価をしている。

調査会社からは、「情報開示しない会社は評価が低くなりますよ」と言われたこともあり、ロコンドも創業1年目から協力して、非公開情報も渡していた。

しかし何度インタビューで状況を説明し、情報をいくら渡せどもロコンドの会社評価は一向によくならないのだ。創業1、2年目は仕方がない。最初の1年はロケット・インターネットが倒産させようとしていたぐらいだし、それからのリストラや大幅なコストカットで社内はガタガタだった。売上が伸び始めたのは1年半が過ぎた頃だったので、吹けば飛ぶような会社だと評価されるのも当然だろう。

だが、3年目からは売上も安定して、財務面でも収益面でも大幅に改善しているのだ。

それでも、4年経っても「資本構成」の項目は12点満点中0点で、「経営者」の項目は15点満点中6点。

経営者の評価が低いのは、ヒアリングの時にもっとにこやかに対応しないといけないということか？　ヒゲをそって背広を着ないとダメなのか？　などと、点数を見ていると怒りが沸々とこみあげてくる。

そこで、僕は思い切って、インタビュー依頼があった2014年6月に担当者にメールで問い合わせてみたのだ。

「基本的には取材に対応させていただきたいとは思っておりますが、御社がどのような評価軸をもって当社を評価されているのかがわからないまま、話し合いを続けるのはお互いにとってあまり意味がないように感じております。また、何が悪いのかわからないまま低い評価をされ続けるのは、あまり気持ちの良いものではありません。『ここがこう改善されれば評価は改善する』というようなご意見をいただければ、当社もそのアドバイスに基づき、改善をしていく所存ですし、お互いにとって意味のある話し合いになると思っております。つきましては、資本構成と経営者の項目の評価が低いのは、どのような評価軸に沿っているのかご教示いただけますでしょうか」

すぐに担当者から返信があった。

「できれば、訪問させていただいた時に言葉でお伝えしたいのですが、可能な限り質問にお答えいたします。『資本構成』の債務超過は0点となっています。債務超過が解消することにより点数は自己資本比率に応じて改善されます。『経営者』の項目は業界経験が3年未満、経営経験が3年未満、自宅所有状況（持ち家なら加点）、開示姿勢（決算書を公開すれば加点）の評価のため0点となっています。人物評に関しては、持ち点7点中6点となっています」

とりあえず、僕自身に問題があって評価が悪いわけではないことがわかった。

その評価軸で考えると、創業4年目になった今は経営者の点数がもっと上がるのは明らかだし、債務も資金調達で解消するから、点数は増えるだろう。

そう思って、ようやく安心した。これで大手ブランドもレポートを理由に断ってくることはないだろう。これからは契約を取ってきやすくなるな、とバイヤーと一緒に喜んでいたのだ。

その数日後のインタビューで、僕は今まで以上に丁寧に調査会社の担当者に説明した。担当者も、「本当に、財務も改善してますねえ」と好感触だったので、僕はすっかりその問題は解決したと思っていたのだ。

半年後、またもや調査会社の同じ担当者からインタビュー依頼が来た。この間、ベンチャー投資最大手のジャフコ社からの資金調達を完了していたため、その件を説明して欲しいのかな、と想像した。

「あ、そういえば、前のインタビューの後、評価はどうなったか確認していなかったな」

そう思った僕は軽い気持ちでレポートを確認した。

その結果を見て愕然とした。総合評価は100点中、42点。インタビュー前の41点から1点しか増えていない。

「そんなバカな。債務超過も解消したし、売上も大幅に上がったし、業界経験も経営経験も3年超えたし、決算書も渡したじゃないか。それなのに、たった1点しか増えないなんて、あり得ないだろ？」

普段はめったに怒ることのない僕も、さすがにブチキレモードになった。

インタビュー当日、会議室に通された担当者は僕の姿を見て、立ち上がって「こんにちは、今日はよろしくお願いいたします」と丁寧に挨拶をした。

僕はそれに返さず、ニコリともせず、「前回あれだけ説明したのに、総合評価で41点から42点にしか上がらない理由はどういうことですか？　どの項目がどうなっているのか、まずは説明をしてもらえますか？」と言い放った。

僕の剣幕に焦った担当者は隣の席に座って、各項目の説明を始めた。

●業歴（1〜5点）　2点　↓　2点
●資本構成（0〜12点）　0点　↓　2点
●規模（2〜19点）　10点　↓　8点
●損益（0〜10点）　0点　↓　0点
●資金現況（0〜20点）　10点　↓　8点
●経営者（1〜15点）　6点　↓　10点
●企業活力（4〜19点）　13点　↓　12点

話を聞いて、更に怒りは増した。

評価基準が不明瞭な「資本構成」や「経営者」に関しては、確かに評価は上がっていた。しかし、上がることはなくとも、少なくとも下がることはないと思っていた「規模」「資金現況」「企業活力」でなぜか評価が下がっていたのだ。また、情報提供すれば加点されると言われ、決算書を渡したにもかかわらず、加点は1点だけ。たった1点のために大事な決算書を公開したわけではない。

「ウチは昨年度、市場成功率を大きく上回る+60%で成長しているにもかかわらず、なぜ、『規模』や『企業活力』の評価が下がるんですか？ 『資金現況』という意味では債務超過も解消し、キャッシュも増えたにもかかわらず、なぜ評価が下がるんですか？」

僕は怒りで体が熱くなるのを感じていた。相当早口になっていたので、担当者も僕を怒らせたことに気付いたのだろう。

「いやぁ、当社の評価は、各社の評価だけではなく、なんというか、市場や競合の成長率なども加味した、その、総合的かつ定量評価になっておりまして……」と、担当者はしどろもどろに回答する。

「いや、だから、ウチは市場平均よりも競合よりも高い成長率なんですよ？ にもかかわらず、定量評価でポイントが下がるのは、極めて非論理的ではないですか？」

マッキンゼー時代に、論理とファクトで議論をする手段は身につけていた。担当者はまともに答えられず、「ウチは定量かつ総合評価な評価でして」「具体的な評価基準は公開できないんです」と繰り返すだけ。

途中で僕は、「ああ、この調査会社はデータをもとに客観的に割り出しているんじゃないんだな」と気付いた。

これ以上話し合うのは時間のムダだと感じ、「もうそちらには協力しませんから」と追い返してしまった。いわゆる「出禁」である。

調査レポートでどんなひどいことを書かれようとかまわない。

そもそも、ロコンドの内情も知らない人が評価したいいかげんなデータでしかロコンドのことを判断できないブランドであるなら、たとえ契約を結んでもうまくいかないだろう。自分たちの仕事ぶりを見て評価してくれるブランドはたくさんあるのだから、そういうところとおつきあいしていけばいいのだ、と僕はふっきれた。

そこから今に至るまで、この調査会社からは何の連絡もない。こんなことなら、「情報提供しないと評価が下がる」なんて脅しにビビらなければよかった、と今では思う。

「ビジネスの芽」は御用聞きで見つける

「御用聞き」というと今の若い世代の中には、知らない人もいるかもしれない。

早い話が、個人を対象にオーダーを取りながら、マーケティングリサーチをすることだ。

昔は米屋さんや酒屋さんが、一軒一軒家庭を回って注文を取っていた。

ビジネスを始めるには、アイデアが必要である。将来性のありそうなビジネスのアイデアがなければ、動き出すことなどできない。

しかし、将来性のあるアイデアは一人の考えだけで思いつくものではない。かといって、大勢で考えてもいいビジネスを思いつくとは限らない。

2012年頃から、僕は既にロコンドの次の事業を考えていた。まだ赤字の状態ではあったけれども、ロコンドのサイトの運営だけでは会社の規模は大きくならないのは明白だった。

僕にとっては、現状維持は衰退しているのと同じだ。少しずつでも事業の規模を広げていかないと、ロコンドの未来はないと考えていたのだ。

そんなことを考えていた時に、チャンスは向こうからやってきた。

ある交流会で、サマンサタバサの寺田社長とお話しする機会があった。当時、サマンサタバサは自社でちゃんとしたECサイトを運営しておらず、寺田社長はそこを課題として考えていらっしゃったのだ。

まだまだ駆け出しとはいえECサイトを運営している会社の社長である僕の話を聞いて、寺田社長はこんな提案をしてくださった。

「うちの自社ECサイトを立ち上げて、運営してくれないかな？　もしそれをやってくれるなら、ロコンドさんに出店してもいいよ」

当時、ロコンドの売上は月1億円から伸び悩んでいた。成長のためにも、サマンサタバサの商品ラインナップは魅力的。はっきり言って、喉から10本ほど手が出るほど扱いたいブランドだった。そしてそんな会社であるにもかかわらず、こんな大チャンスを与えてくれた寺田社長には今でも感謝してもしきれない。

でもその頃は、僕が一人でロコンドのかじ取りをするきっかけとなった「L3事件」が勃発してまだ安定しておらず、社内システムに不安のあった時期でもある。新生ロコンドとして生まれ変わろうとしてはいたが、自分の会社の足元がまだフラフラしていた。他社のECサイトの運営を受託した経験もないから、実績もノウハウもない。うまくできるか、懸念事項はいっぱいだ。

普通なら二の足を踏むところだが、僕は思い切って「やらせてください!」と即答した。こんなビジネスチャンスを逃したら、いつチャンスが巡ってくるかわからない。とにかく会社一丸となって前に進むしかないのである。そこで、すぐに社内でチームを立ち上げ、サマンサタバサのプロジェクトメンバーさまとの打ち合わせも始めた。

僕たちは自社のノウハウや経験不足を補うため、とにかく相手の要望を細かく丁寧に聞いた。フルオーダーメードの服をつくるには、希望を聞きその人の体に合わせて布を裁ち、縫い目一つをおろそかにしないように縫い上げる。それと同じように、正にかゆいところに手が届くサービスに徹したのである。

その結果、さまざまなことがわかってきた。

例えば、さまざまなブランドの商品があるロコンドとサマンサタバサの自社サイトでは、お客さまの買い物行動やニーズが異なっている。「サンダル」というカテゴリでも、ロコンドなら色々なブランドの商品を見比べ、その中からお客さまが気に入ったものを選べるデザインになっていなくてはならない。

一方、サマンサタバサのサイトに来るお客さまは、そのブランドのファンである。商品の一つ一つをじっくり眺められて、検討できるサイトの方が購買意欲は高まるのだ。

また、サマンサタバサは「可愛さ」をベースにしたファッションなので、サイトのデザインもそれに合わせなければならない。その他、問い合わせへの対応方法、返品システムなど、ブランドが実現したいものをいかに実現するかに、多くの検討と調整の時間を割いた。

こうしてサマンサタバサの自社ECサイトが立ち上がったのは、2012年6月。数カ月で形にしたのだ。

だが、ECサイトというものは、立ち上げがゴールではない。立ち上げがスタートで、そこからは毎日走り続けなくてはいけないのだ。新しい商品を掲載し、サービスやシステムを改善し、オペレーションの見直しも続けないといけない。サマンサタバサの要望をヒアリングし、解決方法を話し合いながら、よりよいECサイトを構築していった。

おかげさまで、現在は9社ほどのECサイトの運営を受託させていただいている。そしてこの本を執筆している今、この自社公式EC運営事業の引き合いは大幅に増加し、この本が出て数週間後には12社になっている予定だ。

スタート時点では戦略的なことはまったく考えていなかったので、「要望に答えていたら、事業になっていた」というのが本当のところなのだ。

だいたい、自社ECサイトの立ち上げや運営を外部に委託すること自体は、それほど珍しくはない。ファッション業界でも事例はそれなりにあるから、ロコンド以外にも頼める企業は他にいくつでもあったはず。戦略的に事業化するにはライバルも多くて、将来性は見込めない。

それでもサマンサタバサの自社ECサイトを見て、「うちもロコンドにお願いしたい」と依頼してくださる企業がいくつもあったのは、相手の要望を細かく聞き、小さな課題を拾ってアイデアを提案する「御用聞き」能力が評価されたからではないかと思う。

第1章で紹介した店舗の欠品を代わりに発送するロコチョクも、当時、アルペンの役員を務めていた元マッキンゼーの先輩である白鳥さんと久しぶりに会って話をしているうちに生まれた事業である。そのつながりから資本業務の提携も結んでいただくことになり、ニューバランスのような人気のある靴をロコンドで提供できるようになった。同時に、ロコンドのサイトにスポーツというカテゴリも生まれたのだ。

御用聞きは、ビジネスの原点である。

ビジネスのアイデアを見つけるコツは、分析力や発想力を高めることだけではない。雑談力や質問力を鍛え、大勢の人に会って、話に耳を傾けることだ。川で砂金をさらうように、何気ない会話から上手にヒントをすくい取り、それをアイデアにする。

そして行動を起こし、試行錯誤を繰り返して形にしていくことで、初めてアイデアとして生きてくるのである。

本気でやっていたらオポチュニティはやってくる

ロコンドを立ち上げて2年目ぐらいのことだったと思う。倉庫で人手が必要になり、アルバイトを集めることになった。すぐに集めなくてはならないので、アルバイト情報誌などの媒体を使っている余裕はなかったのだ。

そこで近隣のエリアに「アルバイト募集」のチラシをポスティングすることにしたのだが、なかなか希望の条件に合うポスティング業者が見つからなかった。ようやく見つかったところも、やたらと料金が高くて使えない。

こういう時、どうすればいいだろうか？

僕は迷わずに、「じゃあ、僕が土日に配って回るから」とみんなに告げた。そして実際に、5000枚のチラシをポスティングして回ったのだ。途中で出会った人には事情を説明し、「よろしくお願いいたします」とチラシを渡した。見栄などはっていられる場合ではない。何が何でもアルバイトを集めないと作業が回らないという危機感しかなかった。

この6年間、予定どおりに進んだことなどほとんどない。次々に発生する課題をクリアするために、必死になって立ち向かってきた。

もちろん、経営コンサルタント時代も仕事に手を抜いていたわけではない。自分の持てる力を全て注いで、クライアントのためにいい提案をするべく奔走した。

しかし、経営コンサルタントの頃は一生懸命だったが、同時にどこか他人事で必死さに欠けるところもあった。

アメリカにMBAを取るために留学していた時期、夏休みに帰国した時にユニゾン・キャピタルという投資ファンドを運営する会社で短期間インターンとして働かせてもらっていたことがある。マッキンゼーは自分の経験則を高めるためなら、他社で働くことも認めてくれるような寛容さがある会社だった。

ユニゾン・キャピタルでは、回転すしチェーンの「あきんどスシロー」の経営改革をサポートすることになった。特に店長の残業代未払い問題は、当時世間でも問題視されていたこともあり、僕は人事の責任者と共に残業を減らす実効策を考えて実行に移せるようサポートしていた。

自分としては満足のいくインターン期間だったのだが、最後にユニゾン・キャピタルの副社長から、「現場を見て、現場で実行する、現場主義であった方がいい」と助言されたのだ。確かに、僕は店舗に足を運んで店長や現場の社員の声を聞いたりせず、会社で人事担当者の話に耳を傾けただけだった。店長たちが毎日どのように働いているのかを実際に見ないまま、改善策を考えていたのだ。

それでも、その時は「実際に残業時間は少し減ったのに」と心の中で反発し、「この件は人事の担当者と進めていく案件でしたから」と返事をしてしまった。

その時の僕がいかに甘かったのかは、前章の倉庫に缶詰めになる体験をした頃に思い知らされた。店舗に足しげく通って店長たちと話をして解決策を練れば、もっと効果的な方法を考えついたかもしれない。コンサルタント時代の僕は、そこまで必死になってその課題に取り組んでいなかったのだ。

ロコンドの経営をしていなければ、このことは永久にわからなかったに違いない。目の前の問題を解決できない時、最終的に責任を負うのは自分なのだ。現場の社員の仲違いも、業務に支障をきたすのなら間に入っておさめなければならない。そのために、自然と現場の声に耳を傾けるようになった。

また、支払いの猶予や出資をお願いする時は、「これが決まらないと、明日は来ない」という覚悟で頭を下げてきた。リストラで大量に社員に辞めてもらうのも、生半可な気持ちでは実行できなかっただろう。

しかし、そんな経験をしたからこそ、今の僕が言えることがある。

やり方さえ間違っていなければ、正しいことを本気でやっていれば、できないことはない。

心の底からそう思う。

もし「結果を出せない」と悩んでいるなら、間違ったことをやっているか、本気になっていないか、のどちらかが原因で、だから結果を出せないだけなのだ。そしてどちらかと言えば本気でないことの方が原因であることが多い。スポ根マンガの根性論のようだが、最終的には自分の気持ちの問題なのである。

僕は時々、「世の中、本気で仕事をしている人はあまりいないのかもしれない」と思うことがある。

先日、ある企業の倒産情報を読んだ。その企業の負債総額は50億円を超えていたが、倉庫にはそれなりに価値のある商品在庫がまだ50万点もあったそうだ。

これを読んだ時に、「この50万点の在庫を、全部、半額で叩き売りすれば一気に売れるはずなのに。それで30億円になれば、負債が一気に半分に圧縮できるよな」と思った。あとはかつて僕がしたように、リストラによる組織縮小やコスト削減、もしくは資産売却を死に物狂いで進めればいいではないか。

もちろん、その会社にはそれなりの事情があって、倒産という道を選んだのだろう。しかし、社員たちはどうなるのだろう。靴業界は決してイケイケの業界ではないため、人によっては再就職先を探すのは難しい。彼らを守るためにも、経営者は死に物狂いになって会社を立て直さないといけないはずなのだ。

倒産寸前の企業であっても、死に物狂いで金策に走り、債務返済を圧縮する交渉をすれば、立て直せることは多い。僕の経験からも、どん底の時でも必ずと言っていいほど、本気でもがいていれば、手を差し伸べてくれる人がいる。

そういうオポチュニティ（好機）は必死になっている時でないと訪れない。世の中に「棚ぼた」はめったになく、走り続けている人にしか幸運の女神はバトンを渡してくれないのではないかと思う。

世界的な賞で評価される

頑張っていれば、必ず認めてくれる人が現れる。

ベタな言葉だが、僕はロコンドを経営しながら、何度もその言葉を噛みしめてきた。

２０１３年は黒字化にはまだまだ程遠い状態で、売上を伸ばすための仕掛けづくりと、そのための資金繰りに追われていた。

そんななか、嬉しいニュースが舞い込んだ。

世界4大会計事務所であるデロイト・トウシュ・トーマツ・リミテッドが発表する「第11回　日本テクノロジーFast50」に、ロコンドがノミネートされたのだ。

デロイト・トウシュ・トーマツ・リミテッドは、世界中に拠点を持つ外資系会計事務所だ。クライアントには、世界有数のグローバル企業も抱えている。そんな世界的な会計事務所が発表している企業ランキングにロコンドは選ばれたのだ。

このランキングは、過去3年間の売上高成長率をもとに発表されるもので、対象となる企業はハードウェアやソフトウェア、クラウドサービス、広告やEコマース、バイオ技術やエコ技術などに関わる、幅広い意味での情報、メディア、通信企業になっている。膨大な企業を、規模や株式公開の有無にかかわらず、純粋に成長性や将来性に着目してランキングにまとめているのだ。

ロコンドは、当時はまだ赤字だった。それでも、3年間での売上高は右肩上がり。その成長性が評価されてのことだった。

授賞式は帝国ホテルで行われた。

ほかの企業の人たちはスーツ姿でパリッと決めているのに、僕だけジーパンにTシャツというういつも通りのラフないでたち。完全に浮いていたかもしれない。

「10位以内に入っていればいいなあ」と思いながら、発表を聞いていた。

10位から1社ずつ名前を呼び上げられ、壇上に上がってトロフィーを渡される。

「そろそろかな」と思いつつも、なかなかロコンドの名前は呼ばれない。

5位、4位と順位が上がるにつれ、同じテーブルにいた社員に、「もしかして3位以内?」「すごいですね!」と囁き（ささや）あっていた。

そして、上位3位の発表。この頃になると、僕もさすがに緊張してきた。

「まさか……もしかして……」と固唾（かたず）をのむ。

3位、2位とも、ロコンドではなかった。2位が発表された時、僕らは信じられない気持ちで顔を見合わせた。既に興奮はマックスに達していて、抑えるのに必死だった。

「1位、ロコンド!」

名前が呼ばれた時、僕は立ち上がって思わずガッツポーズをした。社員たちも、みんな立ち上がって大喜びだ。

壇上でトロフィーを受け取って、受賞のコメントを求められたのだが、舞い上がっていて何を話したのかあまり覚えていない。

この時にロコンドが記録した過去3年間の売上高成長率は、6643%だった。スタート時の経営こそ問題はあったが、ビジネスモデルとしては成功であることを実証できたと言ってもいいかもしれない。

しかも、同時期に発表された「第12回 アジア太平洋地域テクノロジーFast500」でも、ロコンドは3位。こちらは日本だけでなく、アジア太平洋地域全体の企業の過去3年間の売上高成長率をランキングにしたものだ。上位は長らく中国と台湾の企業に独占されており、日本企業が3位に食い込むのは10年ぶりの快挙だったという。

このランキングを見ると、世界ではスピードが求められていることをひしひしと実感する。

どんな新興企業も、市場に受け入れられると、あっという間に前を走っている他の企業を追い越していく。市場での勢力図も、3年もすればガラッと変わっていてもおかしくない。数年前は飛ぶ鳥をおとす勢いだったツイッターが、その後に出てきたSNSにユーザーを奪われ、ここ最近は経営に苦しんでいる状況も、それを物語っているだろう。

今は、「スピードこそ正義」と言えるのかもしれない。

例えばソフトバンクの孫正義社長は、中国の大手インターネット企業であるアリババ集団への20億円の投資を、創業者であるジャック・マー会長と面会して5分で決断したそうだ。その後、アリババ集団がニューヨーク証券取引所に株式上場したことで、ソフトバンクが保有している株式の価値は投資額の4000倍にもなった。

日本の多くの会社は、商談でも打ち合わせでも、「一度、会社に持ち帰って検討します」といってその場で結論を出さない。

だが、世界では会議の場で即断即決しているのが普通である。そうでないと、他の企業にチャンスを奪われてしまう。実際、日本の企業が検討している間に、取引先は他国の企業との契約を決めてしまった、という話は珍しくない。

かつて日本が得意分野としていた半導体や液晶ディスプレイは韓国や台湾のメーカーに市場を奪われ、パソコンも中国メーカーなどが台頭している。いずれも日本企業がもたついている間に、世界の潮流を見てそれに素早く対応した企業が追い抜いていった事例だろう。

スイスの有力ビジネススクールＩＭＤ（国際経営開発研究所）が発表した「世界競争力年鑑２０１６」では、日本の競争力は26位である。それに対して急成長するアジア各国・地域は、香港1位、シンガポール4位、台湾14位、マレーシア19位、中国25位と、いずれも日本より上位だ。日本の競争力は、想像以上に落ちている。

ロコンドは、とにかくスピード重視でやってきたからこそ、急成長できたのだ。それを世界レベルで認めてもらえたことが何よりも嬉しかった。

創業5年目で黒字化達成

２０１５年10月。この月は、ロコンドにとって記念すべき月になった。

創業以来初めて、単月で黒字化を達成したのである。

その後も11月、12月、1月と連続で黒字を達成した。2月は業界的に「ファッション関連が売れない月」と言われるだけあって赤字に転落したが、3月以降は再び黒字に戻った。

ロコンドは5年目にして、ようやく黒字ベースに乗ることができた。ついに、V字回復を達成した。……というよりマイナスからのスタートなので、一歩間違えれば溺死していた。ようやく水面から顔を出して空気を吸えたという感じである。

10月は、月の途中から「もしかしたら、いけるかも」という予感は社員たちにもあった。しかし、これまで何度となく思いがけないトラブルや危機に見舞われてきたので、月が終わるまで安心はできない。

だから月末、経理の数字を締め、確定した黒字の数字を見た時は感無量だった。

前述したように、ロコンドが打ち出した送料無料、交換無料、返品無料のサービスは、業界内では「絶対に黒字化できない」と言われていたサービスだった。

このサービスの黒字化の難しさの理由は送料・交換・返品送料の負担の大きさにもあるが、一番は返品のリスクにある。

例えば、5万円の靴を1足販売したとしよう。普通、お客さまに商品を渡して現金で代金を受け取ったら、その場で「この靴は売れた」と言えるだろう。

だが、「30日間は返品、交換無料」とすると、事情がだいぶ違う。たとえその場で代金を受け取ったとしても、その時点では本当の意味で「売れた」とは言えなくなる。30日過ぎるまでに返品されたら、そのお金はお客さまに返す必要があるからだ。その間は、いわば「仮に売れた」という状態になっていることになる。

この「仮に売れた」という状態は、商売をする上ではかなりの負担だ。その間、受け取った代金は本当の意味で利益とは言えないから、使ってしまうわけにもいかない。返金に応じるために、その分を手元に残しておかないといけないわけだ。

しかも、ほかのお客さまのために追加で仕入れて、最初のお客さまと両方返品されてしまったら、不良在庫を2足も抱えることになる。資金繰りや商売の危険度が、どんどん増してしまうのだ。

それゆえに、このサービスは黒字化が難しいとされていた。

実際、ロコンドより先に返品無料を掲げてスタートしたアマゾンの姉妹サイトのJａｖａｒｉは、２０１４年に閉鎖している。送料無料、交換無料、返品無料は、アマゾンの大資本と蓄積されたノウハウを持ってしても、収益化が困難だったサービスなのだ。まさかロコンドのような新興企業に黒字化できるとは、ほとんどの人が思わなかっただろう。

ロコンドも、初年度は約15億円の損失を出した。２年目も6億円以上、その後の２期連続で5億円以上の赤字。２年目以降は業績不振というより、積極的な投資で支出が増えたことが赤字の原因だったとはいえ、経営はキツかった。

諦めずにやり遂げることは、こんなにも大事なことなのかと、僕は単月黒字化の数字を見た時に改めて思った。苦しい時でもコンセプトを曲げることなく継続したから、ついに業界で不可能と言われていたことを実現できた。

ビジネスモデルのお手本になったザッポスも、５年間は赤字だった。フェイスブックやアップルも、立ち上げからずっと順風満帆だったわけではない。マーク・ザッカーバーグやスティーブ・ジョブズの夢や理想を諦めない気持ちが、世界を変えていったのだ。

諦めなければ、いつかきっと何とかなる。粘り続ければ、いつか結果は出る。誰かにできて、僕らにできないはずはないのだ。

巨大なパートナーと組む

ロコンドの5回目の創業記念日は、新たなスタートの日にもなった。

2016年2月、国内ECサイトの王者である楽天と資本提携を発表した。巨大なパートナーと手を組んで、新たなステージへと進むことになったのである。

楽天という巨大企業に資本参加してもらったからといって、ロコンドが楽天グループになったわけではない。楽天の出資比率は、5%未満。買収ではなく、このような小さな割合で楽天本社が国内ベンチャー企業に出資するのは、非常に珍しいことだそうだ。ここからも、楽天に大きな期待を寄せていただいているのが伝わってくる。

ロコンドのような小さなベンチャー企業が成長していくには、1段ずつステップアップを重ねていくしかない。それを一足飛びにするのが、巨大企業との提携である。

ロコンドのお手本であるザッポスは、創業10年目にアマゾンに買収されている。これにより、ザッポスの株式は全てアマゾンが握ることになった。

だが、創業者であるトニー・シェイは会社をアマゾンに売り渡してしまったわけではない。彼はアマゾンの買収を全社員に伝えるメールの中で、この一件を「ザッポスとアマゾンが、仲良く1本の枝に座る」という表現で説明している。彼は引き続きザッポスの経営者として残り、これまでどおり大事にしてきたポリシーを守りながら、アマゾンと手を組むことでより早く理想に近づく道を選んだだけなのだ。

よりよいパートナーと対等に手を組むには、やはり自分の戦力や将来性を認めてもらわないといけない。また、強力なパートナーと対等に手を組むには、一つでもいいから「ここはあなたにしかできない」と認めてもらえる強みを持たないといけない。

そのために必要なのが、実績だ。それも花火のように大きく打ち上げて一過性で終わったものではなく、地道に積み重ねて確固たるものになった実績が求められる。

ロコンドは、2015年8月から楽天市場において「ロコモール楽天店」を開設した。サービスや商品の品質で楽天市場のお客さまにも高く評価していただいたから、ロコンドへの出資を決めてくれたのだと思う。

それまでは言うなれば「大家と店子」のような関係だったが、実績を買われ、新しい分野に協力して取り組むパートナーになれたわけだ。

結局のところ、会社の規模によって信頼関係が築けるものではないのだろう。成果を上げていれば、小さな企業でも大企業に認めてもらえる。そのためにも地道に実績を積み重ねていくしかないのだ。

コンサルタントはしょせんコンサルタント

ロコンドに入ってからの6年間は、あっという間だった。普通の企業なら10年単位のことを、月単位でやってきた気がする。

この6年間で最も痛感したのは、コンサルタント流の「思考」は役に立つものの「調査」や「戦略」は役立たないということである。自分自身が経営コンサルタントだったのに全否定するようだが、やはりコンサルタントと経営者は天と地ほどの違いがある。どんなに経営の手法に詳しくても、実際にやってみないとわからないのが経営という世界である。

最初の頃はロコンドに対し、「サービスは浸透するかもしれないが、大企業に勝てる可能性は低い」とコンサル脳で考えていた。コンサルタントとしては、当然その企業やビジネスを分析する。その時もフレームワークなどを駆使して、ロコンドの強みや弱み、市場環境、競合他社とロコンドの違いなどを分析した。

その結果出た答えが、「失敗する」だった。

確かに、ザッポスはアメリカで大成功した。そのことは僕も知っていたし、ザッポスのビジネスモデルは魅力的だと思った。

しかし、当時のアメリカとロコンド立ち上げ当時の日本では、あまりに状況が違いすぎる。ザッポスが始まった頃は、ＩＴ自体がまだ世の中に今ほど浸透していなかった。アマゾンは大手として君臨していたが、現在ほど幅広いサービスが展開できていたわけではない。

一方、ロコンド立ち上げ当時の日本には、ファッションを扱うＥＣサイトとして既にアマゾン、楽天、ＺＯＺＯＴＯＷＮという強力なライバルが３つも存在していた。国内市場規模を考えると、切り込む余地はかなり少ない。

しかも、スマートフォンやタブレットの普及で、ＥＣサイトでのお客さまの買い物行動もかつてとは変化していた。ザッポスはパソコンを使って「家で注文する」という前提だったが、ロコンドはパソコン、スマホ、タブレットで「いつでも、どこでも注文する」というユーザーの買い物に対応しなくてはいけない。システムや物流にかかる初期投資額やランニングコストが、ザッポスの頃とは比べものにならなくなっていた。

相当の投資をしないと、強力なライバルから市場シェアは奪えない。でも、ロコンドの資本は10億円で、対してライバルの資本力は、数十倍だった。まったくお話にならない。その他、蓄積してきたノウハウやこれまでの実績なども考慮すると、ロコンドが生き残っていけるとは到底思えなかった。

もしコンサルタントの立場だったら、創業時の代表たちに、「こんなビジネス絶対にうまくいきませんよ」とアドバイスしていただろう。

だが、経営者として6年間やってみて、僕の考え方は完全に変わった。

創業してすぐに10億円使い切ってしまった資金計画などは、今でも間違いだったと思う。それでも事業再生のプロでもない僕でも何とか経営を立て直せたのだから、データにはないことが起きるのがビジネスの世界なのだ。

ビジネスを始める時、情報を集め、分析し、検討することは大切である。僕もそれなしに突き進むことをおススメするわけではない。コンサルタント時代に学んだフレームワークを使って考えることや頭を整理する方法は今でもやっている。

ただ、情報を集めて分析するぐらいなら、人工知能でもできるだろう。今は投資の判断を人工知能でやろうとしている時代だから、経営コンサルタントのやっている分析も、もうじきパソコンでできるようになるかもしれない。

ビジネスを成功に導くために必要なものは、情報収集でも分析でもない。実地の経営は、人対人のもっと血の通ったものだ。だからこそ人の縁で思いがけない出来事も起こるし、苦しい時に助けてくれる人も現れる。そうかと思えば、信頼していた人に裏切られることもあるし、よかれと思ってしたことがトラブルのタネになることもある。

それでも僕は、この道を選んだことを後悔していない。コンサルタント時代より、よほど自分らしく生きていると思う。

世の中の成功者たちは、他人にストップやゴーをかけられて動くのではなく、自分で考えながら行動している。そうやって、自分だけの道を切り開いてきたのだ。

道を切り開く覚悟さえあれば、ビジネスも人生も何とかなる。僕はロコンドを通して、そんな学びを得たのだ。

第4章

チームロコンドのつくり方

武器はマネできるが、人はマネできない

ロコンドには「業界に革新を、お客さまに自由を」という大きなミッションがある。それと共に「コミットメント」が存在する。

チームロコンドは以下の三つを実現し、大きな社会インパクトを創造することを約束します。

1. 迅速かつ絶え間ない、顧客目線でのカイゼンの実行
2. 高水準のQCD*（品質・生産性・スピード）を誇る、問題解決志向の事業基盤
3. 熱量、正義、3C*のリーダーシップをもって、勝つまでやり抜く成果主義チーム

* QCD：Quality, Cost, Delivery speed
* 3C：Cooperation, Coaching/caring, Culture building

これらはロコンドのオフィスのあちこちに貼られていて、社員の目につきやすいようになっている。

そして朝礼ではミッション「業界に革新を、お客さまに自由を」を読み上げる。コテコテだと思うかもしれない。暑苦しいと思うかもしれない。ダサいと思うかもしれない。事実、僕もそうだった。でも、社内の意識を一つにまとめるには、そういった理念や企業としての使命を共有するのが重要なのだと、僕も経営をするうちに気付いたのだ。

企業はチームで仕事をしないと成り立たない。そしてチーム運営の成否が会社の成否に直結する。それが徐々にわかってきた僕は、経営者として、社員にどういう気持ちを共有して働いてもらうかを考えた。その結果生まれたのが、この「ミッション、コミットメント」である。

確かに差別化した商品をつくったり、新しいサービスをつくったりすることは難しい。しかし、そういった会社にとっての武器はすぐにマネされる。それよりも**他社に負けないチームをつくる方が、100倍難しく、他社はマネできない**のだ。だからこそ、実現できた時は最強の組織になれる。

「チームロコンド」をいかにつくるのかが、今までもこれからもロコンドの大きな課題であると考えている。

古くは「人は石垣、人は城」。そして今は「企業は人なり」と言われるように、結局のところ組織をつくっているのは人であり、ビジネスモデルではない。

ザッポスにしろ、当時は今までにないビジネスモデルだったから成功したという側面もあるが、今では他社にマネをされてしまっている。それでも「アマゾンが唯一恐れた企業」と言われるまでに成長できたのは、ザッポスが企業文化を固め、それに合った人を見つけ育て、チームを築き上げたからだろう。

創業者のトニー・シェイがそこに至るには、一つの大きな失敗の経験がある。

トニーはザッポス以前に、「リンクエクスチェンジ」というバナー広告を取り扱う会社を設立している。その会社はみるみる成長し、社員は倍々に膨れ上がっていったが、会社の成長の過程で採用した多くの人は、お金をより多く稼ぐことや自分のキャリアアップを目的としていたので、社内の雰囲気はどんどん悪くなっていったそうだ。

トニーはその状況に違和感を抱き、ついにはリンクエクスチェンジをマイクロソフトに売却してしまう。

彼は前の会社の失敗を通して、企業文化をつくることの重要性に早い段階で気付いた。

そして企業文化さえ固まっていれば、マニュアルがなくても人が育つことがわかったのだろう。だからザッポスは企業文化を明文化したコアバリューをとても重要視しており、社員全員がコアバリューを根本的な考えとして高いレベルで共有している。

例えばザッポスにはマニュアルはないが、「ザッポス・カルチャー・ブック」なるものがあり、その本は採用内定者や取引先、顧客にも配られている。

中身は「ザッポスの企業文化とは何か」「他の企業と比べてどこが違うのか」「この文化のどこが好きか」などを社員全員が短くまとめ、それを一冊にしたものだ。しかも内容は、社員の率直な思いが語られ、誤字、脱字以外は一切手を加えられていないという。

例えば、「ザッポス・カルチャーのあなたにとっての意味は?」という問いに対して、社員たちに短い文章を書いてもらい、それをそのまま掲載しているのだ。ポジティブな意見だけではなく、ネガティブな意見があってもカットしたりしない。

それらの回答をもとに「ワオ!という驚きのサービス」「信頼と信用」「不可能を可能にする」といったコアバリューを37項目もピックアップし、そこから1年かけて10項目に絞ったのだという。

こういう作業を通して、全社員が常にザッポスについて考えるような土壌が生まれたのではないかと思う。

このカルチャー・ブックは毎年更新しているというのだから、ザッポスにとってどれほど大切なものなのかがわかる。マニュアルを読ませるよりも、よほどその企業の文化を深く理解できるだろう。

コアバリューを「お飾り」にせず、企業文化をつくるために大事な枠組みとして有効に使えれば、人の採用や育成にも大いに役立つ。企業文化に合う人は自然と残っていき、合わない人は自然と去っていくようになるのだ。

どんな会社でも、社員がずっと自分の会社で働いてくれるという保証はない。とはいえ社員が変わるたびに仕事の方針ややり方が変わってしまったら、現場は混乱するし、そのたびに社内の雰囲気は悪くなるだろう。これでは当然、強いチームなどできるはずがない。

だから誰が入っても誰が抜けても会社の軸がぶれず、皆が同じ方向を向いて進んでいくためには、企業文化をつくるのが大事なのだ。そして企業文化をつくるためには、ビジョンやコアバリューを決めて、全員で常に共有する。それが強いチームをつくるための最初の一歩だと僕は考える。

たとえどんなに優秀な人材でも、ロコンドが目指す企業文化に合わない人なら、僕は求めない。ロコンドの企業文化に賛同し、コアバリューに真剣に取り組んでくれる人が集まれば、他社にマネできないチームになるのだ。

目指すのはリアル・キングダム

僕は『キングダム』（集英社）というマンガのファンである。

舞台は春秋戦国時代の中国大陸。そこで秦国が中国統一を目指す物語で、後の始皇帝となる秦国の若き王・政(せい)と、大将軍を目指す戦災孤児の少年・信(しん)の活躍が中心に描かれている。いま最も熱いマンガのひとつなので、熱狂的なファンも多いだろう。

僕は信のチーム「飛信隊」に、自分たち「チームロコンド」を重ねてしまう時がある。

主人公の信は、最初は5人の戦闘チームからスタートし、武勲を上げながら成長し、100人隊、1000人隊と大きくなっていった。

僕自身、経営コンサルタントの時代、小さなチームが巨大な敵に勝てるなんて思ったことはなかった。

しかし、実際にビジネスという戦場に立った今、僕の考えは大きく変わったのだ。知恵をしぼって繰り返し繰り返し挑んでいる中で、僕たちは既に鉄壁にも見える大手企業の巨大eコマース（電子商取引）にも、どこかにまだ弱い部分があるのを見つけた。

例えばeコマースと百貨店を結ぶプラットフォーム事業「ロコチョク－D」などは、大手企業がまだ手を付けていなかった、正に鉄壁の隙間だったのである。

そこに一点集中して突破するためには、「行くぞ！」と血気盛んなのが僕だけでは全然足りない。やはり飛信隊のように恐れず、一緒に突っ走れるメンバー、チームを揃えなくてはならないのだ。

例えば『キングダム』にこういうシーンがある。

信が初めてチームを組んだ初陣の時である。

歩兵である信たちの5人のチームの前に、魏軍の装甲戦車の部隊が現れた。どう考えても歩兵隊で戦車にかなうわけはない。

しかし信のチームは逃げずに、戦うことを選ぶのだ。戦場の死体で障害物をつくって盾にし、戦車の車輪を狙って壊すという奇策を考え出し、勝利した。

逃げずに守り、隙あらばすかさず攻撃に転ずる。そして決して勝利を諦めない。

こうした姿に、僕が求めるチームの理想像があると言ってもいい。僕が欲しいのは僕の顔色を窺い忠義を尽くす家来ではない。一緒に戦える仲間なのだ。

先の章でもお話ししたが、ベンチャーはスピードが命である。

大企業の社員のように「まずは上司のお伺いを立ててから」「前例がないことは上司が嫌がる」と自分でブレーキをかけてしまうような社員ばかりだったら、絶対に巨大な敵には勝てないだろう。

出る杭になるのを厭（いと）わない仲間たちが集まり、そのメンバー全員が自ら成長し、自ら武勲を取りに行く。そうなれば僕も「これは任せた」と仕事を託せるので、チームはスピード感と責任感を持って、巨大な敵の弱点を一点集中で突破することにかける。そして何度失敗しても立ち上がり、彼らは再び立ち向かっていく。

もちろんそのチームをつくり上げるのは容易ではない。途中で辞めていく人間も大勢いる。

しかし、そんなチームをつくることができれば、ベンチャー企業や中小企業にとって大手企業に立ち向かい生き残っていくカギになるのではないだろうか。

「逃げない人」を集める

『キングダム』に出てくる主人公、信は武の才があり、自分の意志を貫く強い心を持った少年だ。

その信がある時、刺客と戦い敵の殺気に気圧（けお）される中で、友である秦国の王・政に「退がるな信っ！　不退こそがお前の武器だぞ！」と一喝される。

僕はこのシーンを読むと、いつも「そうだよな」という気持ちになる。不退、つまり「逃げない」ということは、人にとって大きな武器になる。僕自身も逃げない人でありたいし、チームロコンドには逃げない人を集めたいと思っている。

ロコンドは逃げなかった会社だと思う。初年度の10億円の散財から始まり、何回潰れてもおかしくない危機を迎え、それを乗り越えてきた。

僕自身も、共同経営の人間が全員辞める中で、別の会社のいいポジションに就けるという甘い誘いも受けたが、振り切ってここまでやってきた。ロコンドは、当時から僕についてきてくれて、今はロコンドで重要なポジションにいる仲間も含め、逃げない人が支え、成長させてきたのだ。

だから僕は、どれだけ賢くても立派な経歴があっても、逃げる人を信用できない。一緒に仕事してみないとわからない部分もあるが、僕は「逃げない人かどうか」に重点を置いて人を採用するようにしている。

ただ僕は「逃げない」ということは元々の素質だけではなく、鍛えられるものだとも思っている。それは僕自身の経験からだ。

以前の僕は「逃げてきた人間」だったと思う。

新卒でマッキンゼーに入ったばかりの頃は、「いつ辞めても大丈夫なように、貯金を蓄えよう」といったことばかり考えていた。

だが、マッキンゼーは楽な仕事に逃げられるような環境ではない。コンサルタントたちは毎日、顧客や会社から支払われているお金「以上」のバリューを生み出すことを求められ、それができなければどんなに頑張って残業をしても「無価値」と切って捨てられる。

またマッキンゼーの厳しさを表現する有名な言葉に「UP　OR　OUT」というのが

ある。日本語に訳すと「成長せよ、できなければ去れ」である。昇進はプロジェクトごとの成績表と厳格な評価で決定され、年齢や経験など関係ない。万年平社員のような逃げは許されず、常に成長と価値の創出を求められる場所だった。

そうしたスパルタに近い経験の中で僕は何度もノイローゼになりかけ、体も動かなくなったりした。胃薬もどれだけ飲んだかわからない。

しかし、その経験の中で僕は逃げない人間になっていったのだ。

逃げるのは簡単だ。だが、逃げずに価値を出せた時の喜びに勝るものはない。それに気付いてからは、どんな難題からも逃げなくなった。

だから、今は逃げている人でも、逃げない人に育つ可能性はおおいにあり得ると思っている。とはいえ、最初から逃げない人をできるだけ採りたいと思っているし、ロコンドもマッキンゼーのような逃げない環境にして、仲間たちには更に成長していってほしいと思っている。

ロコンドは個人がどれだけ利益を上げているのかを営業以外でもなるべく明確に出して、見える化している。その自分の成果から目を逸らしてしまう人や、壁が立ちはだかった時に、ぶつからない人はどんな会社にもきっといるだろう。

確かに逃げると楽だけれども、逃げ続けていると「逃げ癖」がついてしまう。ましてや起業家として成功することはないだろう。だから僕はもう逃げない、今はそう思っている。

そして飛信隊のような逃げないメンバーが揃えば、必ず巨大な敵にも勝てると信じている。スキルや他の要素で多少劣っていても、他のメンバーで補える。けれども、踵を返して逃げてしまう人を支えることはできない。

逃げない人の前にこそ道は開け、逃げずに戦ったことでしか得られない経験値がその人を進化させるものなのだ。

這い上がれるチカラ

「自分はやったことがないから」
「今の自分には能力はないから」
そんな理由で、新しいチャレンジを諦めてしまっている人もいるのではないだろうか。

僕は、「やりたい」という気持ちがあるのなら、今の自分で十分勝負できると思う。僕自身もそうやってここまで来たし、ロコンドの社員もそうだ。

たとえ失敗してもうまくいかなくても、何とかして這い上がって、最後に結果を出せればいいのだ。

ロコンドには、元々美容師だった社員がいる。

彼は、25歳ぐらいの時にアルバイトとしてロコンドに入り、物流のスタッフとして倉庫の業務をしていた。僕は毎週倉庫に足を運んでいるけれども、その頃の彼と話をした記憶はない。一作業員としてしかとらえていなかったのだと思う。

ところが、ある日、物流チームの責任者が辞めることになった。

その責任者が次のリーダーとして指名したのが彼だったのである。

彼は、入社して3年目になっていた。

しかし、最初のミーティングでは、彼は手が震えているし、僕が何かを尋ねても「ええと、あー、それは、そのー」と震える声で説明しているので、「こいつ大丈夫なのか？」と不安になった。元の責任者も、彼の仕事ぶりを評価して推薦したのではなく、「他に人材がいないから、一番経験があるのは彼かなあ」と消去法的な感じで選んだのだ。

だが、入荷や出荷のスピードから部署や個人の業績評価を割り出す作業も手掛けるようになり、彼も責任者としての自信がついたのだろう。次第に慣れてきてミーティングでもしっかり業務報告をできるようになった。

頼もしく思えるようになってきた矢先のことだった。突然、「転職をしたい」と彼から相談を受けたのだ。どうやら、他の会社からより高い給与の提示があったようだ。

僕は迷った。前の責任者が抜けたばかりで、彼も抜けたらまた責任者を探して育てなくてはならない。彼を引き留めるためには、給与を上げるのが確実な方法だろう。

だが、仕事で成果を以前より出せるようになったとはいえ、その上のポジションにいけるほどの働きではない。ここで安易に給与を上げてしまったら、彼を特別扱いすることになる。

そう考えて、僕は率直に思っていることを伝えた。

「今までは一作業員だったのが、確かに新たな業務もできるようになった。でも、ロコンドの職位でいくと、君はまだ次のレベルに達してないから、申し訳ないけど給料は1銭も上げられない。ただ、君の今の立場とこれからのロコンドのことを考えるといろいろなオポチュニティはあるから、今の仕事をやりきれば絶対もっと上に行けると思う。今は給料を上げると約束はできないのだけれど、チャンスはあると思うから、もう一度考えてほしい」

僕の返答を聞いて、それから彼は2、3週間悩んだらしい。そしてロコンドに残ることを選んでくれた。

僕は彼に、2回も申し訳ないことをしてしまった。1回目は、入社してから3年間、ほとんど彼に関心を示さなかったこと。2回目は、彼の努力や能力に対して昇給という形で評価してあげられなかったこと。

普通なら、仕事へのモチベーションが落ちてしまうだろう。ロコンドを去っても不思議ではない。

ところが、彼はそこで何かが吹っ切れたのか、それからメキメキ成長していった。何をすればロコンドの業績を上げられるのか、お客さま満足度を上げるためには何をすべきか。彼は日々考え抜いたのだろう。僕に会うたびに、「こうすれば売上が上がるんじゃないですか」「お客様満足度を上げるためには、ここを改善すべきだと思います」とどんどん提案するようになったのだ。

さらにプログラムの勉強も始めて、在庫の管理システムを、何と彼は一人で設計したのだ。元々は美容師で、ＩＴ関係はまったく詳しくなかったのに、そこまでできるようになったのである。

最近は、物流で使うロボットの設計も手掛けている。正直、そこまで旺盛な知識欲が彼に眠っているとは思っていなかったので、その飛躍ぶりには目を見張るばかりだ。

彼は、今では物流部門の副責任者として大活躍している。僕を信じてついてきてくれたことに、とても感謝している。

もう一人、紹介しよう。彼は20代・30代の社員が中心のロコンドに、40代後半で入社した。

彼は老舗の靴屋で20年以上働いていたベテランだった。ロコンドがスタートしたと聞いて、「やってみよう！」と飛び込んできたのだ。彼にとって人生初の転職ではないかと思う。ロコンドに来た時点でお子さんも大学生ぐらいになっていて、僕は「典型的な日本企業の親父みたいな感じだな」と最初のころは思っていた。

最初はバイヤーとして入ったのだけれど、やはり外資系のベンチャー企業のやり方に馴染めず、半年ぐらいで物流部門に異動になった。僕の元で働くことになったのである。

一回り以上年上で、物流の経験も知識も僕以上にない。どうしたものかと悩んだが、責任者にするわけにはいかないので、副マネージャーという権限があまり重くない立場からスタートしてもらうことにした。

だが、仕事でミスをしても言い訳をして保身に走るばかり。僕が「保身をやめて成果を出せるようにしようよ」と何回か助言しても、なかなか変わらなかった。

そこで、僕は彼を降格させて給与を大幅にカットした。おそらく前職より稼ぎは悪くなったから、家では奥さんに怒られていたのではないかと思う。彼自身も、「転職しなければよかった」と何度も後悔したのではないだろうか。彼の働きぶりは、その後もしばらく褒められたものではなかった。

ところが、彼の上司二人が立て続けに退職してしまい、彼に物流のマネージャーになってもらうしかなくなったのだ。

彼にそう告げると、昇格に喜ぶどころか、渋々引き受けるという感じだった。最初の1~2カ月くらいは、「ほかに誰かいないですかね？　自分じゃ、やっぱり物流の責任者はムリですよ」とぼやいていた。

それでも、自分がやるしかないのだと、腹をくくったのだろう。徐々に責任者としての自覚が芽生えていった。

ある日、取引先と結んでいた契約を、彼が交渉して変更したことがあった。僕はその契約を変更したかったのだが、既に契約書も交わしていたので、「今からの契約変更はムリだな」と思っていた案件だった。

それを彼は、先方に土下座をして「なかったことにしてください！」と頼み込んだのである。昔ながらの浪花節的なやり方で話を通したと聞いて、「そんなことで契約変更ができきるのか!?」と心底驚いた。しかも数億円レベルの契約だったのである。

「土下座をしただけでは聞いてもらえなかったので、ちょっと怒ってみました」としれっと語る様子を見て、彼の底力と彼にしかできない能力を初めて実感した。

それまでも僕はさまざまな年代の人と仕事をしてきたが、たいてい30代後半になると人は頭が固くなり、保守的にもなって、自分を変えようとしなくなる。彼の場合、もうすぐ50代という年齢にもかかわらず、自分の強みを活かしつつ、ロコンドに適応できるように自分を変えていったのだ。

僕は彼の強みを見いだせず、彼のポテンシャルを引き出そうとしなかったので、まだまだ甘いなと反省した。


このように、ロコンドには何回どん底まで落ちても、這い上がって昇格した社員が何人もいる。

そしてそれは年齢や経歴にはいっさい関係ない。

もっと言えば、今の経営陣のほとんどは、僕が一度は降格、もしくは辞めてもらうことを考えた人間たちだ。それでも「ユウスケさんに信頼されていないから……」なんて腐ることなく、「成果を出す」ことだけに集中し、僕の期待を良い意味で裏切った。

ベンチャー企業なら、いくつもの企業を渡り歩いた高学歴・高職歴の優秀な人材に来てもらい、経営に携わってもらうのが王道だろう。だが、順当にキャリアを積んできた人より、さまざまな困難に遭いながら何度も脱皮して成長する人間のほうが、ロコンドらしいと僕は考えている。

這い上がれる力さえあれば、どんな時代でも、どんな環境でもきっと生き抜ける。仕事の能力やスキルなどいくらでも後から身につけられるのだから、それほどたいした問題ではないのだ。

改善点は1日で変える

ロコンドは競合他社に比べてお客さまの満足度という点に強みを持っていると僕は自負している。それは「即日出荷、返品無料」「自宅で試着、気軽に返品」といった、サービス面の話だけにとどまらない。お客さまからのご意見や、問題への対応も抜群に早いのだ。

スピードが命のベンチャー企業だから、改善点は最短1日で変える。来週でも来月でもなく、「明日」から変えるのだ。

ある時、こんな出来事があった。

ロコンドは自宅で試着できることがウリだが、それは靴や服に限った話ではない。バッグなどの小物類も、自宅で試していただける。

お客さまは、バッグを自宅に取り寄せて、どう試すのか。

それは、実際に自分の持ち物をバッグに入れてみるのである。こういった試し方は、店頭販売で買う時には難しいかもしれない。

商品の具合を知ってもらうために、こうしたお試しはもちろん大歓迎なのだが、時どき入れたものをバッグの中から抜き忘れて返品されるお客さまがいる。もちろんそれも想定内なので、既にロコンドにはバッグの状態や、返品商品の中の忘れ物を調べる「検品チーム」が存在する。

それにもかかわらず、ある時中に入っている忘れ物に気付かないまま、そのバッグを別のお客さまに出荷してしまうというトラブルが起きた。お客さまからのご連絡のおかげでことなきを得たが、決してあってはならないことだ。

僕はそれを知った時、「検品マニュアルを持ってきて！」とすぐに現場の社員を呼んだ。

今のバッグはとてもポケットが多い。なかには隠しポケットのようなものもある。だからこそ、見逃しがないようなマニュアルでなければいけない。

調べた結果、現状のマニュアルではチェックを忘れてしまいそうな箇所を見つけた。

「よし、明日までにマニュアルを変えよう。明日から、新しい方法で検品してくれるかな」と僕は社員全員に言って、1日でマニュアルを更新した。検品の重要性を改めて感じた出来事だった。

マニュアルの改善をぐずぐずしていれば、トラブルが起こる状況を見過ごすことになる。だから僕は、即断即決で改善を続けるのだ。

ロコンドはそういう素早い対応に慣れていて、社員全員が「翌日からスタート」という流れを違和感なく受け止めている。

それは僕のポリシーのひとつ「走りながら考える」を、皆が共有してくれているからだ。

大きい会社であればあるほど、何か変えようとなると大変だ。まずは懸念事項を全て洗い出して、一つ一つ解決策を考えていく。それから担当者は稟議書を書き、それを直属の上司に承認してもらう。更にそれをクリアしても、部長、専務、常務、社長などの承認を得なければならない。そこまでには数週間かかることもあるだろう。

これでは何回も立ち止まらないといけないので、なかなか「GO」と走り出せないのだ。

しかしベンチャー企業はそれだと遅い。**大企業にはスピードで対抗するしかない**のだ。

問題が起きたら、チームで走りながら考える。それがチームロコンドの強さの秘密である。

今の成果をちゃんと評価する

ロコンドは、完全に実力主義の会社だ。

学歴やキャリアは関係ないし、成果を出せば、どんな人でも出世できる。

こうした実力主義の会社をつくるためには、社員に対して公平、公正な評価をすることが重要になる。

しかし会社における成果を測るのは本当に難しい。全員が営業部門だったらわかりやすいかもしれないが、そうではない。また、たとえ営業部門であっても、実力とは無関係の成果、例えばたまたま担当ブランドが大人気になったとか、反対に倒産したとかもあり得る。これは成果指標に入れるべきかと言えばそうではない。

マッキンゼーでは評価シートがあり、たとえばマネージャーだったらチャートを使った分析がここまでできるようになる、部下への指導がここまでできるようになる、と20項目ぐらいの評価の基準が決まっていた。だが、それらすべての項目ができるようになっても、全員がマネージャーになれるとは限らない。それに、実際の仕事は評価に含まれないような業務も山ほど発生する。

だから、ABC評価でそれぞれ5項目の評価基準をつくるといった方法では、その人の実力を適正に評価できないのではないかと常々感じていた。

いわゆる目標管理制度で部下に目標を決めてもらい、その達成度合いで評価が決まる方法もある。だが、上司と話し合いながら「今期の売上目標、110％じゃ達成するのは難しいんじゃないかな。105％ぐらいにしておいたほうがいいんじゃない？」と目標を設定するのが、意味のある時間だとは思えない。景気や社会情勢によって、その時の状況はいくらでも変動するのだ。話し合う時間を、100％から110％に上げるために動いてもらった方がよほど有意義である。

実は、ロコンドでも目標管理制度を取り入れていた時期があるのだが、うまくいかなかった。

理由は二つ。一つは目標の立て方が人によってバラバラで、ある人は高すぎる目標を立て、ある人は簡単すぎる目標を立てるという具合に、差が出てしまったこと。そしてそれよりも大きな理由が、今の事業内容や計画に沿って目標を立てたものの、計画自体が1カ月でガラリと変わる可能性があるからだ。

したがって、評価は年に4回、取締役やマネージャーたちで集まって、「今の彼・彼女はどれぐらいの成果を上げているのか」をとことん話し合って決めている。評価の方法としては王道だろう。

今でも社員に3カ月後の目標を書いてもらってはいるが、それは評価の対象にするわけではない。本人が何を目指して成果を上げていくかを意識してもらうために書いてもらっているだけである。

僕は、評価も質より量だと思う。年に4回も評価があると、上司も日頃から部下の働きぶりをしっかり見るようになる。同時に、できていないところがあれば指導するだろう。部下にしても、大きな失敗をして降格したとしても、3カ月後には挽回のチャンスがある。その逆に、昇格してもそれに甘んじて仕事の手を抜いたら、あっという間に降格になるということだ。

日本の企業は、一度の昇格や降格で人生が決まってしまう傾向があるが、ロコンドではまったく安定しない。そのほうがチャレンジし続ける原動力になるのだ。

そもそも評価は人を成長させるためにあるべきで、「このスキルを身に着けたから1ランクアップ」という昇格・昇給だけを目的にしてしまうのは、むしろ人の伸びしろを狭めてしまうのではないかと思う。ロコンドのミッションに共感して働いてもらうためにも、個人のキャリアアップのためにスキルや能力を磨くのではなく、「顧客満足度を高めるためにどのようなスキルが必要か」という視点を持ってもらいたい。僕はそう思って人事制度を考えている。

そうして出された評価は、ロコンドの職位制度に反映される。

ロコンドの職位は、メンバー、リーダー、マネージャーにそれぞれ10階層あり、職位によって給料が決まる。職位やそれに応じた給料は公開されていて、どこまで上がれば、どれくらいの給料をもらえるかというのを、社員全員が知っている。

成果を出せば、職位が上がり、給料も上がる。成果を出せなければ、職位が下がり、給料も下がることもある。年齢やキャリアだけで職位が上がることはない。厳しいけれどとてもシンプルで、やる気のある人にはとても働きがいがある制度だと思う。

実力主義だというと、相手を蹴落とそうとする人がいたり、会社がギスギスしたりしていないかと聞かれることがある。

少なくともロコンドはそうなっていない。

理由の一つは、ロコンドの評価は完全な「絶対評価」であること。皆が成果水準を上げれば皆、職位が上がる。

もう一つは、チームのメンバーや他部門と連携しなければ成果は上げられず、自分一人だけで売上や成果を出せるような簡単な仕事ではないからだ。個人プレーに走るような人や、相手を陥れようとする人、責任をなすりつけるような人は、人から嫌われ、他部門からも協力が得られないので、結果として自分の成果が出せなくなる。

僕はこの制度を変えるつもりはない。

いまだ年功序列で、年齢がいけばある程度の職位までいける、といった会社もあるだろう。しかし頑張って成果を出している人が評価されず、現状維持で何となく働く人が、長くいるから出世するという会社が、大きな成長を遂げられるだろうか。

僕が見てきたかぎり、やはり強い会社は実力主義という面で共通している。

成果主義であれば、上昇志向のある人材はモチベーションを持って仕事をできる。

「お金だけで人は動かない」という意見もある。確かにそういう面もあるし、僕自身もお金のためだけに働いているわけではないが、やはりお金で評価するのも大事である。

公平・公正な評価を心がけていれば、社内に信頼感が生まれてよりチームは強くなっていくだろう。

コミュニケーションも質より量

おそらく、誰もがリーダーの立場になった時、部下とのコミュニケーションの取り方で悩むだろう。これればかりは正解はない。コミュニケーションによるトラブルはつきものだし、それをうまくおさめるのがリーダーの役割なのである。

ロコンドでは以前、大きな社内摩擦があった。

それは営業部門と物流部門との対立だった。営業部隊は商品を仕入れ、物流はその仕入れた商品をさばく。ロコンドの品揃えを支えるこの2部門がいつも喧嘩ばかりしていた。

営業はブランドの要望を聞きながら、色々な制約の中で商品を仕入れている。だから「自分たちが契約を決めてきているから、それに従え」と考えがちだ。

一方で物流は、その営業からの要望を受け入れると、物流における手間が増えたり、コストが上がったりする要素になることが多い。事前に相談もなく作業を増やされるので、不満を抱きやすいのだ。

つまりお互い事情があり、その立場を譲ろうとしないから摩擦が起きやすくなる。

明らかな摩擦があるにもかかわらず、以前の僕は忙しくて倉庫に顔を出さなくなっていた。

コミュニケーションが足りないと反省した頃から、社員との関係を一からつくっていこうと再び倉庫に顔を出すようにし、部門間の摩擦を解消することに力をそそいだ。

物流と本社は場所が離れており、連絡を取る時はメールか電話が多かった。

お互いの顔が見えないと、あれこれ推測して余計に印象が悪くなってしまう。だから営業にも倉庫に足を運んでもらい、僕も交えて週に1回は話し合うようになった。

すると、徐々に関係がよくなっていったのだ。

どのチームもロコンドのことを考えて行動しているのだから、面と向かって話すうちに、お互いに相手の気持ちを尊重できるようになるのだろう。**やはり、コミュニケーションは質より量**なのだ。

ロコンドはECサイトを運営しているけれども、コミュニケーションは基本的にフェイス・トゥ・フェイスだ。メールでのやりとりは必要最低限にとどめ、社内でのチャットは場所が離れている場合を除き、原則、禁止にしている。

毎日挨拶をして、たわいない話を交わすだけでも、相手との距離は縮まる。そして、相手と日頃から信頼関係が築けていないと、仕事でのやりとりもスムーズにいかないものなのだ。

そもそもメールでのやりとりだと、相手がどんな顔、どんな雰囲気でその言葉を発しているかわからないし、どうしても摩擦が生まれやすいから、誤解を生みやすい。一言、「あの仕事、やっといてくれる?」とメールを送っただけで、「上から目線な感じ」と思われる可能性もある。

相手を不快にさせないよう、あれこれ文面を考えてメールを送るぐらいなら、相手をつかまえて「あの仕事、やっといてくれるかな」と声を掛ければ、あっという間に話が進むものなのだ。

会議や朝礼で綿密に打ち合わせをしているから、問題ないと考える人もいるかもしれない。それは質の高いコミュニケーションではあるけれども、それだけでは相手との距離は縮まらない。

特にリーダーに対しては、部下は自分からはなかなか声をかけづらいものだ。だからリーダーからどんどん声をかけるように心がけないと、部下の心はいつまでもつかめないと僕は思う。

もちろんダラダラと語り合う必要はない。僕も限りあるコストと時間を賢く使うために、ミーティングはとにかく1時間で止めるといったルールを設けている。

歩きながらのクイックな会話でも十分である。

「あの件、どうなった?」「今、交渉中です」「そっか。大変だと思うけど、よろしくね」といった数十秒の会話でも、積み重ねていけば互いに心を開けるようになるのだ。

ロコンドも話し合いから他愛のない雑談まで、会話をたくさん積み重ねて、意思の疎通がきちんとできるチームをつくっていきたい。

そう考えると、ロコンドのコミュニケーションはまだまだ60点。発展途上といったところだ。今よりももっとコミュニケーションがあってもいいと思っている。

ロジックとファクトは新入社員にも求める

ロコンドでは提案はなんでも大歓迎だ。

新入社員が社長の僕に対して、「これはもっとこうした方がいいんじゃないですか」と意見を言ってくれたら、僕は素直に嬉しい。ロコンドをよくしようと思って言ってくれているのだから、それがいいアイデアだったら僕は採用する。

ただし、代案のない、単なる批判は受け入れない。

「今のサイトじゃ、お客さまは商品を買いたいと思わないですよ」というだけでは、ただの批判。「こういうサイトにすれば購買意欲が高まると思う」という代案を提案してもらわないと、僕は耳を傾けない。しかも、その提案には「ロジック」と「ファクト」が必要だ。

入ったばかりの新入社員にも、僕は「ロジックとファクトは？」と求める。

「なんとなくいいと思った」という提案ではダメなのだ。

マッキンゼーでは、ロジックとファクトを尊重している。

例えば会社の離職率が高いことを解消したいのなら、まずは何が問題なのかを正しく把握するため、「なぜ、退職者は会社を辞めていったのか」を理解しなければならない。

そのためには、社内インタビューをしたり、辞めていく人に理由を確認したりする必要がある。そうして浮き上がったファクトをもとに、どうすれば解決できるのかを考えなければならないのだ。当てずっぽうに「今の若者は根性がない」と推測し、「こうすれば根性が身につく」と提案しても、なんの解決にもならないだろう。

そうなってしまわないために、ファクトとロジックが必要なのだ。

例えばロコンドの物流倉庫には毎日のように新商品や補充商品が入荷する。量が多いと、その日中に入荷処理や商品撮影、商品情報登録を完了できないことがある。

商品は最短最速でサイトに載せることが売上アップにつながるので、もしもこれが連日続くようであれば解決しなければならない。

こういう時、僕は「できない」理由をファクトで説明し、「ではどうすればできるのか」という解決策を提案してほしいと思う。

この例の場合、ファクトは「最近入荷量が多く、人員のキャパシティを超えている」となる。

これにはもちろん「入荷量が人員のキャパシティを超えている」という更なるファクト、つまりその入荷量における、最適な人員や限界値を示してほしい。いま作業している人たちのスピードが遅くなっているというファクトも考えられる。

そうして出された事実に基づいて、「人を増やす」という解決策を提案してほしいのだ。

人を増やすという解決策も、この場合はいくつかの選択肢が生まれるだろう。

例えば、

①「人の作業時間を長くする（残業をする）」
②「人の勤務日数を増やす」
③「新しい人員を増やす」

また今が繁忙期で、入荷量の多い日数に目処が立つようなら、

④「社内の他部門から短期的に派遣させる」

という選択肢もあるだろう。ここまでを考えた上で、「最近の入荷量だと、日中に作業が終わらない可能性が高いです。この選択肢4つのうち、どれかを許可してもらえませんか？　いずれかを許可してもらえれば、絶対にできます」と提案してほしい。

こうしたロジックとファクトが出来上がっている提案に対しては、僕の判断も早い。最低限の分析をして「それいいね、じゃあ来週月曜からやってみよう」とまずはやってみる。そして1週間後に結果を教えてもらい、そのまま行くか、改善を加えるか、やめるかを判断するだろう。

ロジックとファクトが正しく示されていれば、人は動く。

例えば売上が達成しなかった部下に対して、「たるんでるんじゃないのか」と精神論で諭しても、問題が解決すると思っているのは上司だけだろう。もし懸命にやった結果届いていないのなら、部下はやる気を失ってしまう。

しかし部下の売上のよかった月のデータをもとに、「この月は売上を大幅に上回っている。その理由はどこにあると思う？」と示せば、部下はそこにあるファクトとロジックを考えるだろう。

そして、「この月は既存の顧客からの注文が多かった」という事実がわかれば、「既存の顧客への営業をもっと増やせば、売上が効率的に達成できる可能性がある」という解決策を導き出せるので、部下はやる気を失わずにまた動き出せるのだ。

また、ロジックとファクトで出された解決策に対しては言い訳ができない。言い訳に逃げさせないためにも、ロジックとファクトで考える習慣を身につけさせるのは大事なのだ。

僕はロジックとファクトで、上司にも堂々と意見ができる「チームロコンド」に育てたい。だから、「なんでそうなるのか、ファクトとロジックを示してくれるかな。なければ考えて」と繰り返し説いている。

ロジックとファクトで考える習慣がないと最初は大変だが、次第に「これのファクトは……」と自分で考えるようになる。これが、「自分の頭で考える」ということなのだ。

主体的な社員に任せて任さない

前述したように、僕は社会インパクトを与え、世の中をよくしたいという思いで、ロコンドを経営している。逆に言うと、利益が大きくても世の中のためにならない事業はやりたくないし、やるつもりもない。

やりたいこととやりたくないことを明確にし、自分がやっていることには自分で責任を持つ。この考えを僕はロコンドの社員にも求めている。

僕は人に強制させたくないので、主体性を持って仕事をしてほしいのだ。

マッキンゼーでは、入社して1年目からプロフェッショナルとして扱われ、毎日バリューを生み出し、顧客や会社から支払われているお金「以上」のインパクトをつくり上げるのが使命だった。僕はそのお金「以上」のインパクトとバリューを生み出すため、朝から晩まで狂ったように働いた。

マッキンゼーに入って間もない頃、とある自動車部品のメーカーのプロジェクトに配属された。僕は自動車業界についても研究開発のこともまったく知らないので、すぐに書店に直行し、大量の本を買いこんだ。

更にマッキンゼーが共有しているデータベースから「自動車業界」「研究開発」といったキーワードにヒットするものをダウンロードし、その夜それらを一気に読んで頭に入れた。誰も、自分ができるようになるのを待ってはくれない。プロフェッショナルなら、その日から自分はその分野に関して誰よりも詳しい、というぐらいにならなくてはいけないのだ。

ただ、そこまでしても会議では発言できず、何のバリューも生み出せない日々が続いた。ある日、僕はあるグラフの分析を、プロジェクトの総責任者に任された。資料の中では参考情報という位置づけだったが、その総責任者はグラフに新しい可能性を感じていて、僕に託してくれたのだ。

僕は直接分析を依頼されて、とても興奮した。

データとの格闘は平日は深夜まで及び、土日も出勤して分析を繰り返した。それでもたいした発見を得られないまま期限を迎えそうになったので、お盆休みの旅行をキャンセルまでして、分析に没頭したのだ。

そして休みを返上して打ちこんだ3日目、僕はグラフの中にある法則をついに発見した。すぐに総責任者のところへ行き、ホワイトボードに計算式を書きながら説明をした。自分の発見に興奮していた。

「こんな結果が出たんですけど。面白くないですか？」

「いいじゃない、面白いよ」

やった！　僕は心の中でジャンプしながらガッツポーズをした。

そして、この分析結果とそれに基づく提案は、その後プロジェクトの骨子の一つとなったのである。

マッキンゼーは上司や先輩が手取り足取り教えてくれるような環境ではないので、自分で仕事をできるようになるしかない。当然、脱落者も大勢いた。

相当過酷な環境だったが、自分の力で仕事を「自分のもの」にした時、自信もつくし、やりがいも生まれた。人から言われた仕事をこなすだけではやりがいも、仕事の面白さを感じることもないと思う。

こんな風に僕は、主体的に働くことの楽しさを学び、プロフェッショナル精神を育てていった。

こうしたプロフェッショナル精神は、指示を待ち、進んで物事に取り組もうとしない、主体性のない人にはいつまでたっても身につかないだろう。

だから僕は、ロコンドの社員にも主体性を強く求める。**主体性は、人に育ててもらうのではなく、自分で育てるしかない**のだ。

例えば部下の主体性を引き出そうと研修やセミナーを受けさせたり、「君はどう思うの？」と一つ一つ相手に考えさせたりするといった育て方をしている上司も多いだろう。けれど僕はそこまでしない。なぜなら、そうして他人から引き出されたものは、本当の主体性とは言えないからだ。

「言われたからやります」というなら、やらなくていい。愚痴をこぼしながら働いてほしいとも思わない。

「やりたいから、やる」、そういうメンバーをチームロコンドには揃えたい。

もし、ロコンドの社員が「この仕事は、今の自分にはまだ無理です」と言ったとしたら、僕は「わかった。じゃあ、やらなくていいよ。他の人に任せるから」と言うだろう。「この仕事はこういう理由で、君のステップアップに役立つと思うから」と丁寧に説明して説得したりはしない。

とはいえ、本人にはまだ荷が重すぎるような、無茶な仕事を任せたりはしない。本人が一生懸命頑張れば手が届いて、レベルアップにつながるような仕事を任せるのだ。

僕がよく言うのは「任せて任せない」ということである。

僕は『宇宙兄弟』（小山宙哉著　講談社）というマンガも好きでよく読んでいる。そこに出てきた、NASAのリーダーのエピソードが印象に残っている。そのリーダーはやる気があるメンバーにはどんどん仕事を任せて、「とにかくやってみろ」と背中を押すタイプだった。若いメンバーにも仕事を任せるので、みんなから信頼され、チームの雰囲気もよかった。理想的なチームである。

ところがある日、信じて任せたメンバーの一人がミッションの過酷さに耐えきれずに脱走してしまうのだ。NASAに大きな損害を与えてしまい、そのリーダーは責任を取って辞めることになった。そして、レストランを開いてオーナーになったという話だった。

このエピソードは一般的には美談になるのかもしれないが、僕は「なんて無責任なやつなんだ」と怒りがわいてきた。仕事を放りだしたメンバーに対してではなく、そのリーダーに対してである。

そのリーダーは「任せすぎ」なのだ。もっと言えば「放置」なのだ。

そのメンバーのキャパ以上の仕事を任せた結果逃げられたのなら、リーダーの仕事の任せ方に問題がある。そこまで負担になるような仕事を任せるべきではないし、もし任せたのなら毎日進捗状況をチェックして、問題が起きていると察知したらすぐに手を差し伸べなければならない。失敗も経験のうちだと、フォローせずに逃げるまで放置したのならリーダー失格だろう。

リーダーの役割は部下に失敗させて学ばせることでも、仕事を任せてモチベーションを上げることでもなく、結果を出させせなければならないのだ。失敗が部下のためになると考える前に、会社としての成果になるかどうかを考えるのがリーダーの責務である。

もう一つ、僕は責任を取って辞めるという日本の腹切り文化感が嫌いである。

ロコンドにも、以前大手企業から転職してきて、大失敗をしたときに「責任を取って辞めます」と言った社員がいた。

僕は、「いやいや、僕はあなたに腹を切ってほしくて採用したわけじゃないよ。責任をあなたにどう取らせるのかは会社が判断することであって、あなたが考えることではない。辞めるにしても、失敗をリカバーして大きな成果を出して辞めるのが、責任だよね」と言った。しかし、彼は何のフォローをすることもなくロコンドを去った。

だから僕は社員を信じて信じないし、任せて任せない。

部下を成長させるためには仕事を任せなくてはならないし、「この部下ならここまでできる」と信じる力も必要だ。だが、100%任せ、100%信じてしまうと、部下が成果を出せなかった時に会社に損害を与えることになる。それを避けるためには、信じて信じない、任せて任せないというバランスが重要なのである。任せて問題なければ、徐々に手を引いていけばいい。

こうすることで社員が育ち、そして会社の成果も担保されるのだ。

叱ることを恐れない

「今の若者は叱るとすぐに心が折れる。だからあまり叱れない」そんな言葉をよく耳にする。

だが、僕は叱ることは恐れない。特に立場が上の社員であればあるほど、よく叱る。

最近は叱ることができないリーダーが増えているようだが、組織のリーダーになれば、叱らなければいけない時は必ずある。褒めるだけで組織が成り立つとは到底思えない。

だから僕は社員に嫌われたり、辞められたりすることを恐れず、チームの成長のために、しっかり叱るようにしている。

ただ、どういった場合に叱るべきかという境界線は持っている。

本気で仕事をしていれば防げた稚拙（ちせつ）なミスには、僕はとても厳しい。例えば、マニュアルがあるのに、手順を端折（はしょ）って起きてしまうようなミスだ。

このミスは僕が一番許せない類のもので、体育会系ではないが「もっと気合を入れようよ」と思うし、そう言うしかない。

しかし、人は完璧ではないので、真剣にやっていてもどうしてもうっかりミスをしてしまうこともある。それに対しては、叱らずに少し違う手段をとる。

部活のスポーツでも、優秀な監督は単純にミスを直すのではなく、生徒本人にミスの原因や解決方法を考えさせるという。僕もそれはとてもいい方法だと思う。

僕はヒューマンエラーが起きた時に、「次から気を付けます」というのを認めない。うっかりミスをした場合でも、そこには何らかの原因があるかもしれないのだ。もし原因があるなら、他の人も同じうっかりミスをしてしまう可能性がある。

だから僕は、「次から気を付ける」ではなく、理由を考えさせる。

「そのミスがなぜ起きたのかをちゃんと考えて。そしてミスに原因があるなら、絶対起きない解決策を考えてほしい」と言う。

そして時間を与えると、相手は考えに考え抜いて、その方法を提示してくる。こうすれば、社員全員が同じミスをするのを避けられるのだ。

僕はよく「嫌なら辞めれば？」と言う。社員は慣れているから聞き流しているが、最初に言われた時は相当堪（こた）えるかもしれない。

僕が求めるのは、巨大な敵に臆せず、何度もぶつかっていけるチームだ。

そういうチームでないと、ロコンドは大手の企業には勝てない。大手に負けてしまえば、社員が辞めるどころか、会社が潰れることになってしまうだろう。

僕たちが戦う相手は大手の企業。豊富な人材と資産で、ベンチャー企業の心を折りにくる。相手は「若者は心が折れやすいから、攻め方には気を付けないと」なんて考えてはくれない。

だから、若者の心を折らないように慎重に接している場合ではないのだ。

そもそも、学校を卒業して一歩社会に出たら、そこは競争社会だ。

心が折れて脱落していたら社会では生きていけない。社会は冷たいので、そんな脱落者をすくいあげてくれないだろう。

だから僕自身は恨まれても嫌われてもいいので、厳しい世の中で戦っていけるようなメンタルを鍛えてあげたいと思っている。打たれ強さは、社会人にとっての最大の武器になるのだから。

新卒説明会で甘い話は一切しない

ロコンドは業績が落ち着いた頃から、新卒の社員も採用している。

学生向けの説明会も開いているのだが、学生が引き寄せられるような甘い話は一切しない。

「ロコンドは決して優しい職場ではありません。合わない人は、来ない方がいいと思います」と言い切っている。売り手市場で企業側が不利であろうと関係ない。

「うちは働きやすい職場ですよ」「社員の仲がいいので、楽しく仕事をできます」などと甘い言葉で誘って、ムリに人材を採ろうとまで思っていないのだ。だから、参加している学生さんのなかには、話を聞きながら顔が引きつっている人もいる。

僕は、新卒説明会にも真剣に挑んでいる。良い人材に来てもらうのはロコンドにとっても重要課題である。

通常こういった説明会では、人事部の担当者や、入社1、2年の若い社員が出てきて話をするパターンが多いが、ロコンドでは僕が全てを学生に伝えている。なぜなら、僕の言葉で伝えないと、情熱が伝わらないと思うからだ。

「ファッション×eコマース」という組み合わせは、若者に人気がある仕事である。説明会に来る学生さんは、そういう職業に魅力を感じた人や、実際にロコンドのサービスを使って「いいな」と思って来てくれたお客さま兼候補者の人などだ。根っからのファッション好きも多い。

お客さまにお見せするロコンドは、白鳥のように美しいサイトであっても、水の中ではいつもバタバタと必死に足を動かしている。だから水面の優雅な姿しか想像できない人は、残念ながら合わないだろう。実際には地味な作業が多いし、新人であっても成果を求められるので厳しい環境だ。

また、学生さんからの質問にも、僕は包み隠さずに答えている。

例えば学生さんからは、「残業はあるのか」「残業代は出るのか」「休日出勤はあるのか」

「有給休暇はとれるのか」といった質問がたいてい出てくる。

その質問に対して、普通の会社なら「うちの会社では残業はほとんどありません」「有給はみんな消化しています」と答えるところも多いだろう。ところが、実際に会社に入ってみると連日残業で、有給などほとんど取れない会社も多いはずだ。それでは会社に入った後に、聞いていた話とのギャップに耐えられず、辞めてしまう人も出るだろう。

僕は、学生さんには「残業もありますよ。ただし、残業未払いはありません」「成果を出したら年齢や経験に関係なく、昇進・昇給はあります。でも、成果を出せなかったら降格・降給になります」と率直に伝える。最初にどれだけハードなのかを伝えて、それでも入りたいという人だけに来てほしいのだ。

それでも実際に入ってくる社員は、自分の持っていたイメージとのギャップに驚く。ロコンドは最近まで「ほっこり」をウリにしていたから、社内もほのぼのして、和気あいあいとした会社だとどうしてもイメージしてしまう。

しかし実際はまったく違う。営業部隊は朝から晩まで、ブランドの商品を仕入れるのに必死。物流は商品をより早くサイトに上げ、より迅速に出荷するためにスピードと効率を上げなければならない。

だからといってピリピリしているわけではないし、社員はあだ名で呼び合うフランクな職場だ。僕も社長と呼ばれるのが嫌なので、「ユウスケさん」とみんなから呼ばれている。「社長」なんて呼ばれたことは一度もないし、呼ばれたくもない。

それでも甘えたり気を抜いたりして許されるような職場ではないので、相応の覚悟とプロフェッショナル意識を持てる人でないと、入ったところで続かないのだ。

「僕たちは巨大な敵に立ち向かっていかなければいけない。戦うのが怖いという方は、申し訳ないけどウチには合わないと思いますよ」とまで言ったら、普通なら「入るのは辞めようかな」と思うかもしれない。

だが、実際には、説明のあとに「面接を希望するか希望しないか」というアンケートをとると、意外にも9割は希望して実際に面接に来てくれるのだ。

最近の若者はやる気が見えず、「ゆとり」と呼ばれたりもするけれど、こちらが本気度を見せれば、それに応えてくれる若者はまだまだ大勢いるのではないだろうか。みんな嘘くさい建前にうんざりしているのかもしれない。僕は面接に来てくれる学生さんたちを見ると、そんな気がするのだ。

そうして入ってくる新卒の社員たちは、有名大卒の人もいれば、ファッションの専門学校を出た人もいる。経歴はバラバラである。ロコンドは学歴を一切判断材料にしないので、純粋にやる気をもったメンバーが揃いやすい。

こうして僕たちはチームロコンドのメンバーを増やしている。

時間はかかっても、巨大な敵に対して立ち向かっていく飛信隊のようなチームが、少しずつ出来上がってきているのではないかと思う。

離職率が低いといい会社？

DeNAの南場さんが、ある時こんなことを仰っていた。

「DeNAは万人にとっていい会社ではない」

つまり、DeNAに入る全ての人が、「ここはいい会社だ」と思えるわけではない、ということである。

僕はこの言葉を聞いて、心に響くものがあった。

確かに採用した人が会社を辞めないのはいいことのように思える。大手企業のなかには、新卒採用の社員が入社後3年経ってもほぼそのまま残っているホワイト企業と呼ばれるところもある。ただ、そういった社員の全員が会社のために全力で働いているわけではないだろう。手を抜いていても大企業なら目立たないし、「給料がいいから」という理由だけで会社に居続けているのかもしれない。

そう考えると、**「離職率がゼロならいい会社」とはいえないのではないだろうか。**

採用というのはとても難しい。

海外ならインターンとして採用し、入社した社員の能力や働きぶりを判断してから、本採用か不採用かを決めることもできるが、日本のインターンシップ制度はあくまで学生さんのためのもの。中途採用の人に数カ月だけ働いてもらって雇わないというのは、日本では法的にも難しいのが現状だ。ロコンドとしても、数カ月で辞めてもらう前提で人を雇っていたら仕事にならない。

もちろんヘッドハンティングなどで優秀な人材を連れてくるなど、打率を上げる方法はある。それでも、その人が必ずしもロコンドに合っているとは限らないので、全てでヒットを打つのは無理な話なのだ。

僕も会社の離職率を気にしていた時期があった。

離職率が高いとブラック企業みたいで嫌だし、せっかく雇った人が辞めると当然会社にとっては痛手になる。また時間とコストをかけて採用をしなければならない。「社員が辞めないためにはどうすればいいか」と考えていたこともあったが、結局、離職率を気にしていても仕方がない、という結論に至った。

「社員を辞めさせない」と考えると、どうしても攻めの強いチームをつくれない。叱るべきところで叱れなかったり、社員のモチベーションを高めるために研修やセミナーを受けさせたり、つまり会社が社員の顔色を窺って動かなければいけなくなってしまうのだ。けれどそんな甘えた環境では、社員はいつまでたっても自立しない。それでは、巨大な敵に勝てる強いチームは到底つくれないだろう。

だから僕は離職率を気にしないことにしたし、「嫌なら辞めれば」と連呼することもある。でも別に僕は辞めてほしいわけではなく、嫌々、働くのは会社にとっても当人にとっても良くないからだ。

だから時には厳しく突き放す。そういう環境の中でついてきてくれる人が、僕の求める強いチームには必要なのだ。

そもそも、ロコンドは倫理に重きを置いた会社だと思う。きちんと夜には帰れるし、社員も健全に働ける環境は整っている。

「成果を出せば昇進・昇給、成果を出さなければならない」とハッキリ伝えているから、窓際に追いやるような、人権を無視した行為もない。性別や学歴、人種や年齢などの差別はなく、成果を出したらどんどん認められる。

これが、僕が考える「ロコンド」のあるべき姿だ。

それを追求する中で、合わない人は辞めても構わないし、合う人は残って一緒に立ち向かい続けてくれればいい。去る者追わず、がロコンドらしいチームなのだ。

もちろん退職者が続くと、なんらかの影響は出る。社内の雰囲気も悪くなるし、不安を抱える社員も出るだろう。皆がモチベーション高く、皆が成果を出している環境ならば、離職率は低いに越したことはない。

しかし完全に実力主義の厳しい環境では、どうしてもついていけなくなる人が出てくるのだから、あまり悩んでも仕方がないだろう。

企業の成長を第一に考えるなら「辞めたい」という人たちに無理して会社側が合わせる必要はない。そこで妥協をしたら、強い会社にはなっていかないだろう。

経営者が自分の会社のあり方を素直に追求していけば、社内には考えに同意し、同じ方向を向いて戦ってくれる仲間が残る。

「いい会社」の定義は人それぞれだ。

だから離職率の低い会社を「いい会社」だと捉えるのも、一つの意見であっていいと思う。その会社は定着性が高いという側面もあるからだ。

日本は終身雇用で安定を図って成功してきたので、定着率が高い方がいいという考え方がいまだに根強い。だが、ソフトバンクや楽天のような勢いのあるベンチャー企業は人の入れ替わりが激しく、それでも企業の体力は落ちていない。今後はそういう企業が増えていくのではないかと思う。

経営者が率先してやりきる

ここまで、僕が考えているチームロコンドのあるべき姿、チームメンバーのあるべき姿についてお話ししてきた。

その指標、行動規範となっているのは、最初の項目で紹介したロコンドの「ミッション」、そして「コミットメント」だ。

例えば「迅速かつ絶え間ない、顧客目線でのカイゼンの実行」は、表現こそ違うかもしれないが、特別な内容ではないかもしれない。顧客目線、お客さま目線、という用語は今やどの企業でも使われているだろう。

けれども、実際に浸透させ、実現し、継続させるのは難しい。

それでは、どうすれば継続させられるのか。

それは**経営者やリーダーが、率先して本気でやり続けて、言い続けるしかない**のだ。

ビジョンやミッションを掲げている会社は多い。しかし、それらは「絵に描いた餅」になり、経営者自身がそれを忘れてしまっている会社も多いのではないかと思う。

特にベンチャー企業は、巨大な大手企業との戦いである。経営者である自分が最前線に立って戦う姿を見せると、現場の社員の士気は上がるのだ。

マンガ『キングダム』には、こんなシーンがある。

秦が周辺国に同時に攻められ、滅亡の危機に瀕した時のことだ。

周辺国の連合軍は、秦国の首都の一歩手前にある小さな出城まで迫った。そこが落とされてしまえば、敵の連合軍は一気に秦国の首都へなだれ込んでしまう。この城は絶対に死守しなければならないのだ。

ところが、この城の男たちは別の戦いに出払っていて、女性や子供、老人しか残っていなかった。城の四方を連合軍の精鋭たちに囲まれ、戦う前から既に負け戦が決まっている状態である。城の民たちも、自分たちは見捨てられたと諦め、意気消沈していた。

そこで若き国王の政は、危険を顧みずにこの城に乗り込み、民衆の前で叫ぶ。

「秦の命運を握る戦場に、共に血を流すために俺は来たのだ」

この一言で民の心に火が付き、全員が連合軍との戦いに命をかける決意をする。

また、政の言葉にも嘘偽りはない。政は長引く戦いの中で、敵兵に切られて重傷を負う。

戦いは熾烈(しれつ)を極め、民衆は疲れ切り、士気も落ちていた。王の側近たちは政だけでも逃がそうと考えるが、政は力を振り絞り、民衆の前に姿を現して微笑むのだ。その姿を見て民衆は奮い立ち、死力を尽くして戦い、ついに勝利をおさめる。

『キングダム』屈指の名場面で、読んだ時に涙が出そうになった。

これこそ、リーダーのあるべき姿だ。


社員がどんなにお客さま目線に立ち「最高のサービスを届けよう」と思っても、僕が率先してそれをやりきる姿を見せなければ、皆の士気はあっという間に下がってしまうだろう。

僕はこれまで、いつも先頭に立って戦ってきたと思っている。

第2章で紹介した「在庫があるのに、サイトに出ていない」という事件では、倉庫に缶詰めになり、システムの修復から5万点に及ぶ商品の登録まで、僕も現場につきっきりだった。もし、「後は任せたからよろしくね」と現場に丸投げしていたら、社員は不満を抱いて仕事を投げ出すかもしれない。現場は更に混乱しただろう。

自分が逃げずに困難に立ち向かうから、社員にもそれを求められる。それは簡単なことだが、多くのリーダーは途中で実践しなくなるだろう。だから部下はついてきてくれなくなるのだ。

リーダー自身が困難から逃げずに、やりきるかどうか。

その覚悟さえあれば、たいていのトラブルは解決できるし、チームの団結力はゆるがないのだ。

利益は社員に還元する

２０１７年から、ロコンドは人事制度を大改革した。

社員を評価するうちに、「みんながみんな、マネジメントする立場になる必要があるのか？」と疑問を抱くようになった。

上司として部下を管理しつつ、自身も第一線で働き続けるプレイングマネージャーは、今は多くの組織で浸透した。だが、全ての人がマネジメントする立場になりたいと望んでいるわけではなく、ずっと現場の第一線で働いていたい人もいるだろう。

誰にでも向き不向きはある。

現場の第一線で働きたい人に対して、「それだと昇格・昇給できないよ」と無理やりマネジメントの立場に就かせたら、部下の指導ができなくて現場が混乱したという話はよく聞く。そして本人は降格となったら、社内での信用を失い、本人の自信も奪うので、企業にとっても本人にとっても何一つメリットはないだろう。

だから、例えばバイヤーとしてずっとあちこち飛び回っていたいのなら、本人の望んでいる方向性で評価する体制をつくったほうがいいのではないか、と思ったのだ。

また、通常賞与は給与何カ月分かで決められる。ただ、ロコンドでは給与も賞与も同じ額になるので、社員としては頑張る気になれないのではないかと思った。

そこで考えたのが、「プロフィット・シェア・インセンティブ」という制度である。これは欧米では導入している企業も多い制度で、会社全体の業績結果に応じて支給される利益還元型の賞与になる。

正社員の場合、それぞれの成果に基づき、最大で営業利益の0・1％を個人がプロフィットシェア賞与として受け取れることにした。つまり、「会社の利益を社員に還元する」ための明確な制度である。

この制度により、同じ職位や同じ給与でも、賞与の割合はどんどん上がっていくことになる。

まだ導入したばかりだが、社員からは「わかりやすい」と好評である。自分はマネジメントの立場になれるとは思っていないけれども、ロコンドの仕事は好きだからずっと働きたいし、リターンがあると嬉しい。そういう社員にとってモチベーションを上げるきっかけになったようである。

思いがけない副産物として、社員みんなが営業利益を気にし始めた。「今年の営業利益がこれだけ行くと自分はこれだけ賞与をもらえる。それなら、自分は営業利益を上げるためにはどうすればいいのか」と考えるようになったのだ。

ロコンドらしい制度になったと、今は満足している。

ちなみに、社員への還元はプロフィットシェアに留まらず、多岐にわたる。

例えば、本社は昼間、レストランを貸し切って、倉庫ではお弁当の「フリーランチ」制度、本社・倉庫と同じ区に住んでいる場合の「同じ区手当」、更に、年に1回、完全会社負担の社員旅行制度も始まった。

社員への還元策に関して、経営者側のさまざまな意図はあるだろうが、僕の意図はシンプルだ。「大きな社会インパクトを追求し、結果、会社の利益が出たら、その実現に貢献した社員に還元するのは当然」ということである。

そのため、僕が常日頃言っているのは「利益がなくなれば、還元もなくなる」というシンプルなルールである。プロフィットシェアもなくなれば、フリーランチも停止する。もちろん、僕自身の給与も大幅に下がる。

世の中には、大幅な利益を得ているのに一部の上層部だけが美味しい思いをしている「ずるい会社」、もしくは、赤字決算でも全社員に賞与を渡している「情けない会社」が少なくない。これらの会社は僕には全く理解できない。

ちゃんと儲けたら社員に還元するし、儲けなかったら社員には還元しない。この商売の当たり前のロジックを愚直に実行すれば、信頼に基づく「骨太なチーム」が出来上がるのではないだろうか。

第5章

ロコンドのチャレンジは続く

ロコンドは止まらない

2016年、ロコンドは、新たなチャレンジに踏み出した。自社ブランドを持つことにしたのだ。

アパレル業界は元気がないブランドが多いので、これはかなりのリスクを背負うことになる。だが、僕は低迷しているからこそ成功したときに手に入れられる果実は大きいのではないかと考えた。

そこで僕が注目したのは、スペインのブランドの「マンゴ」である。

スペインではZARAとマンゴがファストファッションの二大巨頭であり、価格帯やデザインも近くて人気がある。

マンゴは世界で約2200店舗を持ち、3000億円以上を売り上げている。中国でも韓国でも台湾でも売れている。ところが、日本では早い段階から上陸していたのにもかかわらず浸透せず、今は原宿に1店舗あるだけなのだ。

僕から見ると、クオリティはマンゴのほうがずっと高い。日本でももっと売れてもいいブランドで、十分ポテンシャルがある。それなのに売れてないのは、売り方がよくなかったのではないかな、と考えた。

そこでスペイン本社に足を運び、アジアの統括の責任者たちと会って話をすることになった。

話を聞くと、マンゴジャパンという日本での拠点はあるのだが、顧客対応はスペイン語ですることもあるのだという。自社の通販サイトもあるのだけれども、商品は必要に応じて一々スペインから取り寄せているという状況だったので、聞けば聞くほど、あまりにも要領が悪すぎる。

そこで、ロコンドなら自社ECを開発できるし、ロコチョクを使えば在庫を一度に集めてロコンドから出荷できるし、ブランディングもできると伝えた。

その時点では、ロコンドでもマンゴの商品を取り扱いさせてほしいと交渉するつもりだった。すると、その話を聞いたアジアの統括担当者が、「それなら、日本事業をロコンドが全部やったらどう？　その代わり、仕入れた分は全部買い取りして全部売ること。それをするなら、日本事業は好きにやっていいよ」と言ったのだ。

正直、そこまで大きな話になるとは思っていなかったので、「これはしくじるとヤバいし、どうしようか」と迷う気持ちもあった。

しかし、調べてみると、スペインの公式サイトにあるマンゴの自社ECを、日本で毎月10万人ぐらいのユーザーが見ていることがわかったのだ。日本での知名度は低いのに、10万人のマンゴファンがいる。その10万人が顧客になれば、大きな事業になると判断したのである。

そこで、2016年の11月にマンゴと日本国内の独占パートナー契約を結んだ。今後、ロコンドとマンゴの自社ECでしかマンゴの商品は扱えない。リアル店舗も、ロコチョクなどのシステムを導入して、在庫を管理することになる。

これで、ロコンドは自社ブランドを育てていくという新たな事業に着手することになった。

リスクは大きいかもしれないが、やはり一番にチャンスを取りに行かないと、大きな成功は手に入れられない。だから僕はこれからも一番の旗を目指して駆けていくだろう。

中期計画なんていらない

たいていの企業は「3カ年計画」「5カ年計画」といった中期計画をつくるものだ。それを株主や会社の関係者に向けて発表する。

僕が経営コンサルタントをやっていた時も、よくクライアント向けにそういった計画をつくっていた。

しかし、ロコンドにはそれがない。1年間の事業計画はあるが、詳細な中期計画はない。あるのはあくまで「2020年度（2021年2月）までに企業価値を1000億円にする」という長期目標だ。実際に自分が起業家になってみると、詳細な中期計画を練ってもまったく計画通りにはいかないことを思い知らされたからだ。

事業計画をつくるとそれを実現するという目的に縛られて、自由度がなくなる。ロコンドは突発的に生まれるビジネスが多いので、そのつど戦略を考えながら走っていくのがロコンドらしいと考えている。

3カ月後ですら何が起きるのかわからないのに、数年後の計画などわかるはずがない。

計画を立てるのに意味がないとは決して思わないが、計画を立てれば経営がうまくいくわけではない。ラフな数値目標で十分だろう。

起業する時はカッコいい事業計画を立てた方が出資先を見つけられると思うかもしれないが、ベンチャーキャピタルや投資家は現実的な計画なのかどうかはすぐに見抜いてしまう。ビジネスモデルさえ面白ければ、口頭で説明しても十分乗り気になってくれると思う。

例えば3年前、僕はロコンドがプラットフォーム事業を構築していくとは想像だにしていなかった。

それがサマンサタバサの寺田社長との出会いで始まったのだ。そこで培ったスキルやノウハウが他のブランドの公式自社EC事業の立ち上げにつながった。

また、アルペンとの資本業務提携で始まったロコチョクも、ルコラインの要請から始まったe－3PLも、そごう・西武との話し合いで始まったロコチョク－Dも、どれも3カ月前には想像もしていなかった事業である。

こういったことは計画したのではなく、言ってみれば、降って湧いた話に乗っかっただけである。そういうフットワークの軽さがベンチャー企業には求められるのだ。

そんな中、今から3年後のことなどわからない。

ただ一つ言えるのは、僕が「この事業を進めよう」と思う判断基準は、「大きな社会インパクト」につながる可能性があるかどうかということだけだ。ただ儲かるだけ、という事業はやりたくない。

思えばロコンドの事業は、全てこうして生まれていった。

計画性がないと言われるかもしれないが、そもそも計画通りに進んでいくことは面白いのだろうか。そこには安定志向が見え隠れする。

数カ月先も数年後も、今と同じ仕事を同じようにしている生活が面白いとは思えない。未来は先が見えないからワクワクするのだ。

「カリスマ性」なんていらない

僕はロコンドの経営者になってから、あちこちのメディアで取材を受けるようになった。そういった記事や動画などを見て、「田中さんのファンなんです！」と社員に応募してくる人も、たまにいる。

ありがたいとは思うが、僕はそういう人を採用したいとは思えない。

僕は社員にもよく、「絶対に僕に心酔するな。人ではなく、コトに心酔してほしい」と話している。

つまり、社員には「ユウスケさんが言うからやります」と受け身になってほしくないのだ。ロコンドの目指すビジョンや目の前の仕事に心酔して、「自分はこれをやりたい！」と一緒に走ってくれる社員であってほしいと考えている。

多くの日本の企業では社長の右腕となる人がいて、右腕は「社長はこう考えると思う」と社員に社長の想いを代弁する、という構図になっている。社長のカリスマ性が強ければ強いほど、そうなるだろう。

そうなってしまったら企業は衰退していくばかりではないかと思う。

なぜなら、社長がいなくなったらその会社は拠り所とするものを失い、迷走する可能性が大きいからである。現に大企業でそうなってしまっているところは多い。

何が一番、顧客満足度を高められるのか。何が一番会社の利益を最大化できるのか。何が一番競争力をつけられるのか。それを軸にして、みんなで対等に議論をするのが企業としての正しい姿であり、「社長は正しい」と神格化した時点で、それはできなくなってしまう。

だから、**経営者にはカリスマ性なんて必要ない。**ロコンドのミッションにほれ込むようなメンバーを集めるのが僕の使命なのだと考えている。

極論、僕がいつ死ぬかもわからないし、どこかで引退することにもなるだろう。そういうときに、事を共有している社員たちがいれば、ロコンドは10年後も20年後も、いや、50年後も生き残るだろう。

そういう持続可能な企業をつくることがこれからの僕の課題になるだろう。

起業家でも幸せな人生を送れる

ロコンドがスタートしてからここまで、僕は倍速で人生を送ってきたような気がする。毎年のように破産の危機を迎え、その度に資金調達に駆けずり回り、首の皮一枚でつながってまた走り続ける。そんな日々だった。

それでも、何だかんだで充実した毎日を送っていると僕は感じている。

「起業家は幸せな人生を送れない」という人もいるけれど、僕自身は幸せである。

起業家の人生にネガティブなイメージを持つ人は多い。

確かに、起業家は常に失敗するリスクを背負い、失敗した時は全てを失うことが多い。大成功を収めて一時期にメディアを賑わした人たちも、大半が事業を失敗し、多額の負債を抱えていたり、塀の中に落ちた人もいる。

事業がうまくいっている時でも、起業家の心労は絶えない。

常に資金繰りを考えないといけないし、会社で起きることの全ては自分の責任だ。

周りに寄ってくるのはお金や人脈などの「何か」が目当てだったりするので、気を抜けば足元をすくわれるし、そういう人たちは会社が傾きだすとあっという間に離れていってしまう。休みもないに等しいから、幸せな家庭生活もなかなか送れない。

アメリカの作家、アンソニー・ロビンズは「人は、自分の価値観と同じ行動をしている時に幸せを感じる」と言っている。

僕は自分の信じる価値観「社会インパクト」に従って仕事をしている。だから困難な状況であっても充実し、幸せを感じているのだろう。

マッキンゼー時代は高い給料をもらっていたものの心から満足していなかった。コンサルタントという仕事は、何かを一から生み出す仕事ではないのだ。

そのコンサルタントだった僕が、多くの人が働く場や、お客さまが欲しいものを手に入れる幸せな時間、取引先のニーズを満たすビジネスを生み出す側に回り、初めて充実感を得られるようになった。お金だけで人は満たされるわけではないのだ。

僕は、平日は朝から晩まで働いているが、休日は普通に休みをとっている。初年度の時だってそうだった。

休みの日には5歳になる娘と、3歳になる息子の二人と色んなところに遊びに行く。小さい子供二人を相手にしているとヘトヘトになってしまい、毎日、それをやっている妻を尊敬する。そして寝かしつけ担当の時はよくそのまま自分も寝てしまう。

子供たちにはこうなってほしい、というのはあまりない。二人には、自分で道を選び、夢とプライドを持てる人間になってくれればいいなとだけ思っている。

僕から子供たちに「これをやりなさい」と押し付けることはない。

習い事もやってもやらなくてもいいという考えなのだが、娘はいつの間にか英語を学び、バイオリン、工作、体操や水泳スクールにも通っている。バレエも最近まで通っていた。

あまりにもハードスケジュールなので、「習い事が多すぎて大変でしょ？　いくつかやめた方がいいんじゃないかな」と娘に言ったことがある。すると、「イヤ！　全部やりたいの！」と主張するから続けさせることにした。

僕自身、親から普通の家庭とはちょっと違う教育を受けていた。

小学生の頃、友達がみんな塾に通っていて、学校の授業より一つ先のことを学んでいるのが羨ましくて自分も通いたいと父に言ったところ、「ダメだ」と即刻却下。何度頼んでも聞き入れてもらえないので、土下座をして「通わせてください」とお願いしたぐらいである。中学受験もどうしても挑戦してみたくなって、「一つだけ受けさせてください」と頼み込んで受けさせてもらった。

ただ、父は文武両道であってほしいと考えていたのか、スポーツだけは強制的にやらされていた。キャッチボールは毎週やらされて、「ストライクが何球入るまで帰るな」と言われたこともある。テニスにも連れていかれたが、走り込みと素振りからやらされて、小学校の時から部活に入っているような状態だった。

ともあれ、親からNOと言われても、どうしても自分がやりたいことなら頼んでやらせてもらっていたので、そこで主体性が芽生えたのではないかと思う。

人から言われて渋々やるのではなく、自分から能動的に動くことをロコンドの社員に求めているのも、そういった体験が染みついているからだろう。

僕は家では仕事の話をあまりしない。けれど妻はそんな僕を理解し支えてくれていて、とても感謝している。

彼女とは六本木の高級マンションに住んでいたマッキンゼー時代に知り合い、結婚した。マッキンゼーを辞めた時に安いマンションに引っ越したので、今は「思っていた生活と違う。詐欺にあったみたい」と笑いながら話す。

やはり、誰にでも羽を休める場所は必要なのだと思う。

僕は平日の帰宅は夜の10時から12時頃になるが、子供の寝顔を見ているだけで癒される。たまに早く帰ると子供が寝る時間と重なってしまい、妻に「子供が興奮して起きちゃうから、もう少し早くか遅くに帰ってきてほしい」と言われることもあるのだが、そんな風に子供に頼ってもらえる日々も、きっとあっという間に終わってしまうのだろう。

だからこそ、かけがえのない今の時間を大切にしたい。

自分のやりたい仕事をして、守るべき家族もいる僕は、本当に恵まれているのだとしみじみ思っている。

リーダーのストッパーをつくる

2016年から、マッキンゼーの時に僕を採用してくれた平野正雄氏にロコンドの社外取締役をお願いした。

平野氏は、マッキンゼー日本支社長を務められ、幅広い産業分野において、企業の経営戦略、組織変革、グローバル化など多岐にわたる経営課題の解決を請け負ってきた方だ。マッキンゼーを離れた後は、投資会社カーライル・グループの日本共同代表に就任し、現在は早稲田大学商学学術院で教鞭をとられている。

なぜ僕が、平野氏に社外取締役をお願いしたか。それは、僕のストッパーになってくれる人が欲しかったからだ。

ロコンドを立ち上げた当初の僕は、まだコンサルタント的な脳でロコンドを見ていて「巨大な敵には勝てない」という結論を出していた。

しかし実際に経営をしてみて、巨大な敵にも弱点はあり、繰り返し立ち向かっていけば勝算はあることを学んだ。

だから今は、コンサルタント的な脳では測れないものが、経営の世界にはあることを身を持って知っている。今の僕は完全に現場の人間である。

そうなってしまうと、時々会社の経営を俯瞰(ふかん)して見られなくなる。

それを感じたのが、平野氏との会話だった。

「田中さん、ロコンドのメイン商品が靴なのはわかったよ。プラットフォームも戦略的に理に適ってる。でも一方で、洋服にも手を広げているでしょ？　これをやめて靴に絞った方がいいんじゃない？」

もちろんロコンドにも戦略があるから、平野氏の言葉を「そうですね」と鵜呑(うの)みにするわけにはいかないのだが、「やめた方がいいんじゃない？」と疑問を呈してくれる俯瞰の目は、今の僕にとても必要だと思った。

僕が目指す大きな社会インパクトのためには、自分を律することが非常に重要である。

特に経営者は自分でなんでも決められるから、周りにイエスマンを揃えることもできてしまう。つまりワンマン社長になりやすい。僕がワンマン社長になってしまったら、社員はついてこないし、強いチームもつくれない。会社は成長しないし、社会インパクトはいつまで経っても生み出せないだろう。

僕はそんなワンマン社長にはなりたくないので、自分を律してくれる環境を求めているのだ。

例えば僕が傲慢になった時、僕が間違った時、それをきちんと止めてくれる人。僕が信頼、尊敬していて、その言葉に素直に耳を傾けられる人。そして、事業にも多大に貢献してくれる人。

そう考えた時に、自分を採用し、前職では社長と社員という立場であった平野さんは、僕には「頭が上がらない」という面で最適な人だった。最高のガバナンスが期待できた。だから僕は、平野氏に社外取締役をお願いしたのだ。

人はリーダーの立場になると、自分を見失いそうになる時がある。自分のしていることは絶対に正しいと思い込んだり、反対に自信がなくなったりすることもあるだろう。

リーダーは自信を持って脇目を振らずに突っ走らないといけない。同時に、謙虚に人の意見を聞き、細心の注意を持たないといけないのだ。

この二つを両立させるのは難しいので、助言者「メンター」を探した方がいいだろう。

自分を客観的に見てくれて、公私にわたって相談に乗ってくれる。そうした相手がいないと、一人で追い詰められたり、人の意見に耳を傾けなくなったりしてしまう。

だから、できれば利害関係の生まれない社外に、そうした「メンター」をつくった方がいいと僕は思う。自分のストッパーになってくれて、時には「君は大丈夫だ」と励ましてくれる。そんな人物がいれば、きっと自分の自律の手助けになるだろう。

失敗したらラッキーだと思え

「失敗してもクビになるだけだから」

僕はロコンドの社員に笑いながらよくこう話している。もちろん冗談だが、少し本音も交じっている。仕事で失敗しても命をとられるわけではないし、起業家でないのなら借金を抱えることもない。関係者に怒鳴られたり、給料が下がったりするかもしれないが、それだけのことである。

よく言われているように、失敗は最高の財産だ。ただし、それはミスであってはならない。それは単なる怠慢だ。**本気でぶつかって、本気で失敗した場合、そこからはたくさんのことを学ぶことができる。だから、失敗したらむしろラッキーだと思った方がいい。**失敗にきちんと向き合わないと絶対に人は成長できないいし、むしろ失敗しないのはもったいないと僕は思う。

僕は実際、ロコンドの経営を引き受けた時、その失敗のリスクも含めて、ある意味ラッキーだととらえてチャレンジしたのだ。

ロコンドは初年度に「3年後に1000億円の売上を実現する」と大々的な記者会見をして、その1カ月後に倒産の危機を迎えるという大失敗をした。

僕はその潰れる寸前の会社の社長を引き受けた。

それは会社を立て直し、黒字にできる可能性がゼロではないと思ったのが一つ。

その一方で、これはよくクレイジーだと言われるが、会社が潰れても「倒産処理」という稀有な経験ができるな、という考えがあったからだ。

普通の起業家は自分の貯金をはたいて、うまくいかなかったら倒産する。

けれども僕の場合は、ロケット・インターネットが資金をくれたので、自分でお金を払う必要はなかったのだ。失敗しても損は0円。経験も積めるし、もし成功したら褒められる。

「それはとてもラッキーじゃないか」と僕は考えたのだ。

僕はいつも自分をゲームのキャラクターのように客観視しているところがある。資金が尽きそうになった時も「どうやったら復活できるかな」と追い込まれた自分を楽しめるのだ。だから倒産しそうな時でもストレスは軽かったし、資金繰りに追われていても「命を断とう」などと悩むこともなかった。

こんなチャレンジは、「倒産が経験できて、借金取りにも追われない。ラッキーだな」と思えるくらい楽観的でないとできないかもしれない。だから僕をポジティブ思考で、それを先天的な性格だと思う人もいるだろう。

けれど、昔の僕は慎重派で、ネガティブで失敗を恐れる人間だった。

それが何度も失敗を積み重ねたことで、失敗に対する許容度が上がっていったのだ。その時は上司やクライアントに怒られて落ち込むけれど、やはり失敗がなければ今の自分はなかったと言えるだろう。

以前、オリンピックに何度も出場した、元ハードル選手の為末大さんと対談をさせていただいたことがある。

為末さんは若い頃から輝かしい成績を収めているが、そんな為末さんにも、自分の立てた仮説で練習方法をつくり、失敗するといった経験が何度もあったそうだ。為末さんも、失敗を重ねるごとにショックが薄くなって、平気になっていったと仰っていた。

失敗とは、コロンブス時代の「魔物」のようなものだと思う。

「海の果ては滝になっていて魔物がいる」という。でも、1回海に出てみれば魔物などいないことがわかる。

失敗も魔物と同じで、失敗したことがない人は、まだ見ぬ魔物に怯えて、どんどんネガティブになってしまう。けれど実際に失敗を積み重ねていくと、「失敗しても大丈夫だ」と感じるようになり、それが楽観性につながっていくのだろう。


人間は、自分ができる範囲で物事を繰り返すのに、心地よさを感じる生き物だ。

これは「コンフォートゾーン（楽な領域）」と呼ばれるが、そこから積極的に抜け出さないと、人間は成長しない。つまり人は、現状のワンランク、ツーランク上の仕事に手を伸ばさなければ、成長は止まってしまうのだ。

ロコンドは、このコンフォートゾーンにいて職位が上がるほど、甘い会社ではない。コアバリューにもあるように、できることをやるのではなくて、できないことをやることを、ロコンドは評価する。

小さいチャレンジでも構わない。その積み重ねがだんだん大きな挑戦になっていくのではないだろうか。

日本人は、失敗に過剰に反応してしまうところがある。特に最近の若者は失敗に怯えて、挑戦を避けてしまう人も多いけれど、僕は失敗したことがない成功者には会ったことがない。みんな挑戦して失敗しての繰り返し。成長や成功には失敗が必要条件なのだ。

だから本気のチャレンジをして、本気の失敗を経験してほしいと思う。

そして失敗を真摯に受け止め、「次はどうすればいいか」を真剣に考え、すぐに実行する。その試行錯誤が、人間を成長させていくのだ。

もちろん命を懸けてまで働くことはない。会社がつぶれても人生が終わるわけではないし、いくらでも人生はやり直せる。その時は自分が思っている以上に、自分はどこかで求められていることを忘れないでほしいと思う。

おわりに

この半年ほど、通常の業務と同時に上場プロセスを進めながら、高たんぱく・抵糖質ダイエットのジムに週3回通いつつ、その合間を縫って5年ぶりとなる本の原稿を執筆してきた。我ながら自分を追い込んだ半年間だったと思う。

ロコンドは上場を果たし、これから新たなステージに突入する。創業して6年でここまで来られたことを、感慨深く思う。

ただ、上場までスムーズに進んだわけではなく、証券会社やベンチャーキャピタルと何回もぶつかり合って、頓挫するのではないかと思ったこともある。上場するときであっても、納得できないことには首を縦に振るつもりはない。たとえ口論になっても、正しいことを主張し続けた結果、最終的にはこちらの意向を認めてもらえた。そのように、何事もスムーズにはいかないところが、実にロコンドらしいプロセスだったと思う。

ロコンドの社員は現在、70名と決して多くない。また、コストを徹底的に抑制する方針で進めたため、なるべく自分たちで上場手続きもやったものだから、キツキツな日々ではあった。

だが、上場は一つのステップに過ぎない。

3月7日の上場日の翌日、僕は普段通りジーパンにシャツというラフな格好で会社に来て、普段通りに仕事をしているだろう。社員とビールで軽く乾杯ぐらいはするかもしれないが、パーティーを開いて祝ったりはしない。その日から、僕の生活が劇的に変わるわけでもないだろう。

僕もロコンドも、これからも走り続けて、何度も壁にぶつかって、歯を食いしばりながら更なる高みを目指して登り続けていく。そんなロコンドのチャレンジを、皆さんにもぜひ見守っていただきたい。

最後に、「そろそろ5年ぶりに本を書いてみませんか？」と声を掛けてくれ、時に侃々(かんかん)諤々(がくがく)の議論をさせていただいたKADOKAWAの小川謙太郎さん、本書の執筆にあたって、多大なサポートをしていただいた大畠利恵さん、激動の6年間を共に戦ってくれたチームロコンドのみんな、そして、イクメンが全くできていない中、いつも温かい家庭をつくってくれている妻と、いつも楽しい娘と息子に、最大限の「ありがとう！」を送りたい。

〔著者紹介〕
田中　裕輔（たなか　ゆうすけ）
株式会社ロコンド代表取締役兼CEO
1980年、大阪生まれ。2003年、一橋大学経済学部卒業後、マッキンゼー・アンド・カンパニー・インク・ジャパンに入社。2007年、同日本支社の創業以来、史上最年少マネージャーに就任。2009年、カリフォルニア大学バークレー校経営大学院にてMBA取得。同年、DeNA Globalにおける短期レンタル移籍を経て、2011年、株式会社ロコンドの創業に参画、現在に至る。
著書に、ベストセラー『なぜマッキンゼーの人は年俸1億円でも辞めるのか？』『インパクト志向—人生のイシューを解く』（ともに東洋経済新報社）がある。

「今の自分」からはじめよう　（検印省略）

2017年3月18日　第1刷発行

著　者　田中　裕輔（たなか　ゆうすけ）
発行者　川金　正法

発　行　株式会社KADOKAWA
〒102-8177　東京都千代田区富士見2-13-3
0570-002-301（カスタマーサポート・ナビダイヤル）
受付時間 9:00～17:00（土日 祝日 年末年始を除く）
http://www.kadokawa.co.jp/

落丁・乱丁本はご面倒でも、下記KADOKAWA読者係にお送りください。

送料は小社負担でお取り替えいたします。

古書店で購入したものについては、お取り替えできません。

電話049-259-1100（9：00～17：00／土日、祝日、年末年始を除く）

〒354-0041　埼玉県入間郡三芳町藤久保550-1

DTP／ニッタプリントサービス　印刷／暁印刷　製本／BBC

ISBN978-4-04-601667-6　C0030